写给中小学生的

法布尔昆虫记

第 ① 卷
超凡的工作者

（法）法布尔（Fabre，J.H.） 著

余继山 编译

上海科学普及出版社

图书在版编目（CIP）数据

写给中小学生的法布尔昆虫记.第一卷，超凡的工作者/（法）法布尔

（Fabre，J.H.）著；余继山编译.— 上海：上海科学普及出版社，2017.5

ISBN 978-7-5427-6836-0

Ⅰ.①写… Ⅱ.①余… Ⅲ.①昆虫学—少儿读物 Ⅳ.① Q96-49

中国版本图书馆 CIP 数据核字 (2016) 第 257799 号

责任编辑　刘湘雯

写给中小学生的法布尔昆虫记

第一卷　超凡的工作者

（法）法布尔（Fabre，J.H.）著

余继山 编译

上海科学普及出版社出版发行

（上海中山北路 832 号 邮编 200070）

http://www.pspsh.com

各地新华书店经销　三河市同力彩印有限公司

开本 787×1092 1/16 印张 10.75 字数 210 000

2017 年 5 月第 1 版　2017 年 5 月第 1 次印刷

ISBN 978-7-5427-6836-0　定价：28.00 元

前 言

　　《昆虫记》是法国著名昆虫学家、科普作家法布尔的代表作。法布尔从小就对自然界和昆虫世界表现出了浓厚的兴趣，立志做一个为昆虫写历史的人。他经过20多年的观察研究和资料搜集，将昆虫的专业知识与人文情怀结合在一起，最终写成了昆虫的史诗《昆虫记》。

　　《昆虫记》全书共分为10卷，概括性地阐述了各类昆虫的种类、特征、生活习性及生殖繁衍情况。书中，作者将自己的人生经历与纷繁复杂的昆虫世界联系在一起，用清新自然、诙谐幽默的语调，向读者讲述了一个又一个关于昆虫的故事，内容不仅包含丰富的知识性，并且极具趣味，是一部不可多得的长篇科普文学巨著。

　　法布尔在描述昆虫时，常常用人性的眼光去看待它们，评判它们，内容充满着哲学意味的思考，字里行间透露出对生命的尊重与热爱。作者在讲述昆虫筑巢、觅食、工作、交配、生殖繁衍等生命活动时，常常浸透着人性的思考。通过阅读这套书，小读者不仅可以读到一个妙趣横生的昆虫世界，而且能通过对这些现象的了解，探究到昆虫背后的秘密，解开一个又一个有关昆虫的谜团。

　　本套丛书是专门为中小学生打造的，在充分尊重原著的基础上，用流畅、通俗易懂的语言向小读者们讲述了各种昆虫趣事，使小读者们能够无障碍地进行阅读。书中还配有大量精美的昆虫插图及活泼俏皮的文字解说，辅助小读者更好地理解其中的内容。现在，让我们一起走进法布尔笔下的神奇昆虫世界，去体会和了解这个不一样的，充满奥秘的世界吧。

目 录
contents

第七章
目光敏锐的泥蜂

第八章
筑巢能手——石蜂

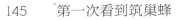

第一章

食粪虫

——圣甲虫

昆虫档案

昆虫名：圣甲虫

英文名：dung chafer 或 tumblebug

绰　号：屎壳郎、推粪虫、推屎爬、屎蛉螂、粪球虫、铁甲将军、牛屎虫

身份背景：起源于 3.5 亿年以前，生活在除南极洲外的任何一块大陆

生活习性：生活在草原、高山、沙漠以及丛林，动物粪便的天然清洁工

绝技武器：长角用于清理、加工粪便

敌　人：鸟类、猴子等小型动物

食粪虫之圣甲虫

　　春天，万物复苏，我们在平原的水塘边看到了刚梳妆完毕、无比美丽的刺鱼，争先到水面上呼吸新鲜空气的扁卷螺、瓶螺、椎实螺，池塘里的海盗——水龟虫。这些自由自在的动物在美丽的大自然中生活得游刃有余。

　　接下来，我们便看到了勤劳的食粪虫。食粪虫的工作是将地上的粪便清除干净。它们身上自带的工具可谓种类齐全，有的用来翻粪土，把粪土捣碎、整形，有的用来挖洞。几乎所有食粪虫的前额都长有角，而这些角便成为它们清理粪便的重要工具。

　　太阳刚刚升起，数以百计大小不一、形态各异的食粪虫便已经开始了工作。它们有的露天工作，梳理粪便表面；有的为了寻找更加优质的粪源，就必须在粪堆内部挖掘通道；有的在底层工作，以便及时把战利品埋

食粪虫是动物粪便的
天然清洁工。

藏在身下的洞里。个头最小的只能寻找合作伙伴，或者捡落下的碎屑。它们有的甚至抵挡不住美食的诱惑，便当场吃起来。在这贫瘠的平原上，新鲜的粪便实在太难得了，因此它们要尽最大努力挖取尽可能多的粪便，并小心翼翼地储藏起来。其中体型粗大、浑身黝黑的家伙，就是食粪虫中有名的圣甲虫，而吉米就是众多圣甲虫中的一只。

吉米的头顶上有着月牙形的顶壳，宽大而扁平。顶壳的前沿上排列着六个角形锯齿，它使用这些工具对粪便进行挖掘和切削。顶壳还有着类似耙子的功效，将那些难以下咽的粗大植物纤维剔除掉，把最精美的食物聚拢起来。如果圣甲虫需要制作"育儿室"，它们就会认认真真地挑选粪便，并进行细致加工，为初生的幼虫提供优质的环境和精致的食物。

你瞧，吉米已经把它那带有锯齿的顶壳插入粪便，机械地挖了几下，好像是在搜索质量好的粪便，再把杂质剔除，然后把剩下的精细食物聚拢到一起。它在加工粪便时，通常是前、后腿共同合作的。它的前腿是扁平的，呈弧状，表面有凸起的纹路，上面还排列着五个坚齿。通常，它会选择在粪团最厚的地方，利用一对齿足，清扫出一个半圆形的地盘，再用前腿把筛选过的粪便聚拢到腹部下方的四条后腿之间。吉米的后腿，尤其是最后的两条腿又细又长，略带弯曲，呈弧形，足端还长有利爪。四条后腿将聚拢的粪便轻轻一压，粪便就成了圆球状。接着，吉米的四只脚一边摇滚一边轻压，粪便在腹部底下不断旋转加工，形状便越来越完善了。它干得如痴如狂，动作非常神速，明明刚才还是一粒小粪丸，转眼间就变成了苹果般大小的粪团了。

食物制作好了，吉米便要把食物运到安全稳妥的地方储藏起来。它带着粪团，弓着身子，把脑袋压得很低，向上翘着屁股，向前推滚着运输粪球。在运输的过程中，粪球表面的每个部位会依次与地面滚压摩擦，使得粪球的外形不但更加完善，而且表面的坚硬程度也更均匀。

吉米在运输粪球的途中并不是一帆风顺的，首先就遇到了一个陡坡。沉重的粪球顺着斜坡一路滚下。如果在这个时候，吉米不小心失足或者有

食粪虫吉米正在精心为宝宝制作"婴儿室"。

一颗砂粒碰到粪球，粪球就会滚入路旁的深沟里。果然，它带着珍贵的粪团一起滚的时候，粪团一下子滚入了路旁的沟底，而它也被滑冲下来的粪球撞翻在地。它挣扎着翻过身子，奔跑着追上粪球，使劲抱住，重新攀登刚刚滑下来的陡坡。很快，它又跌落下来。可是，它并不气馁，以百折不挠的执著精神又一次重新开始，直到顽强地战胜障碍为止。

圣甲虫搬运粪球时，经常会给自己找搭档，通常它的搭档会自己主动上门帮忙。而那些主动上门帮忙的搭档几乎都别有用心，图谋劫持食物。如果粪球主人稍不注意，搭档就会携着粪球溜之大吉；如果主人寸步不离地严守监视它，最坏也是两人共进午餐，因为它帮过忙。有的搭档胆子更大，干脆直截了当地把粪球抢走。这种拦路抢劫的行为是常有的事。一只圣甲虫独自滚动着辛勤得来的粪球，突然不知从哪儿飞来一只不速

之客，猛地落下，与粪球的主人抢夺食物。接着，主人和抢夺者之间便进行了一场激烈的争夺战。主人在接二连三的失败中败下阵来，最后只得忍气吞声，回到粪堆上重新制作。至于那个抢夺者，便心安理得地把粪球滚走了。

这不，一只名叫"汤姆"的圣甲虫已经自告奋勇地来帮助吉米搬运粪球了。汤姆和吉米所处的地位不同，它们运输的方式也不同。吉米是食物的主人，自然在运输过程中起主要作用，出的力气肯定是最大的。它从粪球的后面向前推，后腿朝上，脑袋朝下；汤姆的位置则正好相反，它在粪球的前面，仰着头，带锯齿的手臂按在粪球上，一对长长的后腿撑着地面。两只圣甲虫一个在后推，一个在前拉，粪球在它们之间滚动起来。这两个伙伴使出的力量并不总是很协调的。因为汤姆是倒退着走的，背对着前面的路，而吉米的视线又被粪球挡住了，所以它们在运输途中常常摔倒，摔倒后又急忙爬起来，各自重新就位，连前后的位置都没有变。

食粪虫总是会为自己寻找一个搭档，共同来运送粪球，只是过程中它们得格外注意，千万别让搭档把这美味的食物抢走了。

有时候，不配合的搭档反而加重了负担，尽管吉米已经累得气喘吁吁，可搭档汤姆看上去依然不慌不忙。

这时，汤姆开始不安分了，在大力表现了它的好意之后，便不再出力了。它把腿收到腹下，身体紧贴在粪球上抱着球体，好像跟粪球浑然一体了。吉米对这一切丝毫没有觉察，它不仅仅是推动着粪球，还连同推动着紧贴在粪球上的汤姆。这无疑加重了吉米的负担。即使吉米累得气喘吁吁，汤姆依旧悠然自得地享受着这免费的旅行。直到吉米遇到相当困难的状况，粪球根本无法运动时，汤姆才会站出来帮助它。它们费了九牛二虎之力，粪球又可以像刚才那样滚动了。

吉米和汤姆经过千辛万苦，历尽各种艰难险阻，终于把粪球运到了适合储藏的地方。吉米并没有停下来休息，紧接着开始挖掘"地下餐厅"。它挖得很快，不一会儿，洞穴就大得容得下它自己了。而汤姆在吉米挖土的时候，开始扮演守护者的角色，寸步不离地守在粪团旁边。其实，它心里一直盘算着如何将这个来之不易的粪团带走。吉米似乎察觉出汤姆的心思，所以它每运一次土，就会把粪团往洞口挪一点，始终提防着这个居心叵测的同伴。汤姆迫于吉米的警觉，迟迟不能将粪球卷走。

食粪虫是最怕热的，夏天一到，它们就慌忙躲到阴凉处去居住了。

　　"地下餐厅"终于建成了，吉米便邀请汤姆开始一场美妙的宴会了。在吉米看来，汤姆也算是帮了忙的，邀请它入宴也是理所应当的。走进一看，整个地下餐厅几乎被粪球塞满了，食物与洞壁之间只留出一条窄窄的巷道。它们早已饿得前胸贴后背了，不顾拥挤，沿着通道，艰难地一步一步走到餐桌旁，肚皮紧贴着餐桌，后背紧靠着墙壁。它们在很短的时间内选定座位，之后就不再挪动，迫不及待、狼吞虎咽地享受起这丰硕成果了。

圣甲虫的肠子具有常人难以想象的消化功能。它们在进食的过程中，肠子在不停地蠕动，经过多次循环，把排泄物中的所有物质消化掉，直到最后每一个可以利用的颗粒被吸收为止。它们把偌大的粪球一点一点地吃进体内，经过消化，吸收了粪便中的营养物质之后，又从身后不停地纺织出长带子。吃得越多，纺织出的带子越长，不一会儿，长带子已经围成一个盘子了。吉米把整个粪球都吃进去并纺出带子以后，又重新来到地面上觅食。它找到一堆粪便过后，又开始重复之前的工作了。

圣甲虫最忙碌也是最愉快的的时候是每年的五六月份。当夏季到来时，它们就开始躲到阴凉的地下居住。等到秋天的时候，它们便开始忙着繁衍后代了，这可是圣甲虫家族的头等大事。

圣甲虫宝宝的成长

金秋是大地丰收的季节，人们都忙碌着收割粮食，而圣甲虫也没有闲着。在一阵凉爽的秋雨过后，圣甲虫便开始繁衍后代了。雌性圣甲虫露丝也是生育大军中的一员。

首先，露丝要选择地方建育婴室。它打算把育婴室建在沙地下面，因为沙地比较湿润，温度适中，适合小宝宝生长。接着，它便要在沙地上来来回回地寻找最佳位置，最后终于在一处隐蔽的地方停下来，开始动工了。它用带有锯齿的顶壳插入土中，紧接着就不停地挖掘。不一会儿工夫，洞穴就大得可以容下整个身子了。露丝的动作非常迅速，不到一小时的时间，一个宽敞的地下室就建成了。这个地下室大约深15厘米，侧边有个小回廊通到外面。育婴室建成后，它就要从外面运一些粪便回来制造粪球了。这不，它又马不停蹄地朝那一大片粪堆奔去了。

露丝和吉米一样，需要自己制作粪球。唯一不同的是，吉米的粪球只是为了自己饱餐，不需要太精细的制作。而露丝的粪球是为了哺育小宝宝，

湿润而温暖的沙地是最适合新生的食粪虫宝宝居住的。

从选材到制作，每一个步骤都要做到细致。第一步是选择粪便。露丝来到粪团最多、最厚的地方，随后便用它那带有锯齿的顶壳插入粪土中，先是粗略地筛选一番，把合格的粪便聚拢在一起，再千里迢迢地将它们一点一点地运回地下室，一直累积到足够多，足够制成一个适合的粪球为止。这些粪便被运回来后，还要进行多次筛选，以便挑选出最精细的材料。就这样，经过层层筛选过后的粪便就成了最佳选材，同时也是最宝贵的食物。那些二次筛掉过后的粪便也不能丢掉，它们也是制作粪团中要用到的材料。

　　筛选材料过后，露丝便开始在地下室中制作粪球了。孕育幼虫的粪球可以堪称艺术品，是在圣甲虫细致耐心、全神贯注下制作成的。圣甲虫为避免受到干扰，大都选择在隐蔽的地下室中秘密制作粪球。制作粪球也是非常讲究的，根据圣甲虫从幼虫到成虫的饮食变化规律，由里到外需要用到不同的粪便。露丝把筛选出来的最精细的粪便放到粪球的里层，作为幼虫的食物；然后一层一层向外裹，所用的粪便从里到外逐渐变得粗糙了；最粗糙的作为最外一层，用来保护整个粪球。很快，一颗苹果大小的粪球在露丝的前后腿共同合作下就做成了。原本宽敞的地下室被刚刚制成的粪

球占满了所有空间，露丝只能在粪球和洞壁之间空出来的一条窄窄的巷道里艰难爬行。

　　大家可能会提出疑问了，地下室已经被粪球占满了，哪里还有地方搁置露丝的虫卵呢？露丝的虫卵会安放在哪里呢？答案马上为大家揭晓。露丝慢慢爬向粪球，在粪球中挖出一个椭圆形的小洞，小洞直径大约为10厘米。它便把自己的虫卵直挺挺地放在这椭圆形的小洞中，虫卵直抵洞底，十分牢固。虫卵的大小和麦粒差不多，呈圆柱体形状，两端圆溜溜的，颜色白中泛黄。小洞的洞壁四周糊了一层呈半流体的物质，微绿中带着棕色，一点一点地闪着光。这是什么呢？仔细一看，原来是真真正正的粪糊。露丝为了保证虫宝宝出生后能吃到第一份优质的粮食，就先把精心筛选出来的粪便吃下去，经过消化形成精细的糊粥，然后从嘴里吐出来，涂抹在洞壁上。这样，等到虫宝宝孵化后，就能吃到易于消化的精致食物。等到虫宝宝的胃功能足够强健了，就能逐渐向外层越来越粗糙的食物进攻了。

　　露丝从制作粪球到产卵都是在地下室中秘密进行的，这一系列的工作都做得细致入微。由于它选择的地方相对来说比较隐蔽，比较安全，因此没有其他动物来打扰。完成这一项伟大的工程，已经把露丝累得疲惫不堪了，它确实需要好好休息一会儿了，等休息够了，又要出去寻找食物了。所以，圣甲虫和蜜蜂一样忙碌，一样勤劳。露丝将虫卵稳稳当当地放进粪球中的小洞之后，就静静等待虫宝宝的孵化了。

　　一夜秋雨过后，第二天的大地还是湿润的。太阳渐渐露出了笑脸，把点点阳光洒向大地，温暖着自然界中的一切生物。露丝的地下室也透着一丝热气，洞中的虫宝宝莉莉似乎感受到了温暖，慢慢地蠕动着，一点点地努力，最后终于勇敢地挣脱了卵壳，露出了软绵绵的身体。或许它太饥饿了，一下子就扑腾到了洞壁边，迫不及待地吮吸起洞壁上的浆液来。莉莉现在还十分娇小，吃的食物都是妈妈露丝精心准备的，并且它只要靠着洞壁就能吃到，毫不费力。虽然涂在洞壁四周的粪液不是太多，但都是高营养的物质，足够使莉莉的身体和肠胃功能迅速壮大起来。

无论是制作粪球还是产卵，食粪虫都做得非常细心，选择的也都是隐蔽而安全的场所。

　　过了一周，莉莉已经把洞壁上的糊粥全部吃进肚子里了，身体也比刚破卵时整整胖了一圈。莉莉已经度过了新生期，就像婴儿断奶一样，它便吃不到那么精细的浆液了。它开始转而向外层进攻，吃的是介于最精细的浆液和最粗糙的食物层之间的食物。这一层很厚，食物比较多，而且营养很丰富，能把莉莉养得结结实实的。吃这层食物时，莉莉不能像吃最里层的糊粥那样简单地吮吸，而是先吃到嘴里咀嚼，再通过肠胃进行消化，最后吸收食物中的营养。刚开始，莉莉还不太适应食用不是液体的食物，所以咀嚼的速度很慢。时间一长，就慢慢习惯了，肠胃的功能已经能够消化这类食物了，吃东西的速度便越来越快了。

　　莉莉马不停蹄地吃着食物，迅速生长着。不到三周的时间，它已经长得十分结实了。这时，它所吃的食物又变了，变成了类似大麦面包一样的杂干草间的天然粪便。它的肠胃功能比较强健了，完全能消化这些食物，吃东西的速度也大大提高了。

等到莉莉吃完除粪球最外层的食物后，它已经长成一只结实的幼虫了。它在粪球中开始躁动不安了，急着破球而出。而这个时间不能太早，它知道自己还需要等一段时间。

深夜里，万籁俱寂，大自然进入了梦乡，可莉莉还在努力想要冲破粪球壳。它用脚使劲向外推粪球壳，不一会儿，粪球壳的表面出现了一条波浪似的裂缝。随着莉莉用力推，裂痕出现得越来越多，不一会儿就布满了整颗粪球。它已经累得筋疲力尽了，但看到越来越多的裂缝，就仿佛见到了曙光，稍微歇息一会儿，又鼓足勇气往外推。皇天不负有心人，粪球表面出现了一个洞。慢慢地，这个洞逐渐变大，大得足以让莉莉的身体能够钻出来。莉莉先从洞中探出脑袋，左瞧瞧，右看看，粗略地打量了四周，随后，整个身体一点一点地从粪球中挪出来。不一会儿，莉莉完完全全摆脱了粪球，活脱脱地站在了粪球外。由于爬行技能还未掌握好，它在挪动身体的过程中打了个趔趄，差点儿摔倒。

莉莉已经破球而出了，剩下的那个粪球壳就成了它最后的食物。虽然剩下的食物是最粗糙的，但也是最考验莉莉肠胃的。现在的莉莉，已经变成了一只灵活健壮的圣甲虫了，拥有一副强健的肠胃，足以消化粗糙的食物。很快，它就把整个粪球壳吃进身体了。

食粪虫莉莉虽然才出生不久，可它已经很能吃了，长得壮壮的。

勤奋好学的莉莉正在认真模仿妈妈的每一个动作。

　　莉莉是依赖粪球成长的，它身体的营养全部都是从粪球中汲取到的。随着它一天天的成长，住所也随之扩大了，它需要吃住所墙壁上的食物。粪球也在就一层一层地变薄，最后全部吃进莉莉肚子里。所以，粪球是莉莉赖以生存的摇篮。

　　莉莉把妈妈露丝为它精心制作的"育婴室"吃掉后，就要开始跟着妈妈学习寻找食物，制作食物了。第二天，天刚刚亮，露丝就带着莉莉寻找粪便去了。莉莉一爬出洞就异常兴奋，似乎很喜欢这个崭新的世界，一切对于它来说都显得那么新奇。它一会儿拔拔还挂着露珠的小草，一会儿闻闻路边的野花。大自然的一切对于一个新生儿来说，都显得异常奇妙。露丝对于这个调皮的小家伙格外关爱，这就是它的结晶，它的杰作。它把自己的母爱全部倾注在莉莉身上。更重要的是，露丝要教会莉莉生存的本领，今后它还要步上自己曾经的道路。

　　它们来到一堆新鲜的粪便旁，露丝开始耐心地教导莉莉了。莉莉听得很认真，仔细地模仿妈妈的动作，尝试着插土，再学习制作粪球。的确，冰冻三尺，非一日之寒，学习是需要一段过程的，相信不久的将来，聪明认真的莉莉会成为一只优秀的圣甲虫。

第二章
吉丁虫杀手
——节腹泥蜂

昆虫档案

昆虫名：节腹泥蜂

身世背景：全世界均有分布，膜翅目昆虫中具有代表性的一种，生活在陡峭、干燥、阳光充足的丘陵斜坡上

生活习性：习惯生活在沙地或者花园中，喜欢僻静干燥的环境，是个建筑高手，建窝迅速，主要捕捉吉丁虫

绝技武器：三针便可以让象鼻虫或吉丁虫无法动弹

喜　　好：喜欢吃象鼻虫或吉丁虫

"小蜜蜂，嗡嗡嗡，采花蜜，把歌哼。飞到西来飞到东，不怕雨也不怕风。"这是我们常见的蜜蜂，但是我们今天要介绍的是一种罕见的蜂类——节腹泥蜂。

节腹泥蜂与马蜂类似，上颚比较发达，腿部细长，身体上分布着红色或黄色的斑纹。它们喜欢生活在酷热干燥的地方，擅长在土里筑巢。它们以捕食吉丁虫为主，是吉丁虫的杀手。现在，就让节腹泥蜂旦旦带领我们一起去观察节腹泥蜂的生活状况吧。

现在正值秋季，节腹泥蜂已经进入了紧张忙碌的繁殖期，一只叫旦旦的节腹泥蜂也要为繁衍后代做准备了。首先，它要为自己选择安巢的地方。它把窝选在了海松林中的园林花园里。这里僻静干燥，常年有烈日照射，阳光充足。它们的窝全都建在花园的主道上。由于主道的地面上有许多人经过，而人们会把脚下的泥土踩得紧密坚实，它们在这样的泥土下建巢也就更稳固安全了。

节腹泥蜂腿部细长，身上有着红色或者黄色的斑纹。

在挖掘巷道的过程中，旦旦的大颚和前脚发挥了巨大的作用。首先，它把头上的大颚深深地插入泥土中，再把里面的泥土挖出来，然后把前脚伸进挖开的土中，用前脚跗节上像耙子一样的硬刺把里面的泥土挖出来。挖的洞穴不能太小了，不能仅仅只够容下它的身子，必须保证能把体型更大的猎物运进去。旦旦钻进土里挖掘起来，又把挖出来的土送到外面堆起来。它的动作很快，不一会儿就在洞穴外堆起了两个小土包。由于它选的泥土比较紧实，挖出的巷道两壁不会随时倒塌，也不会因雨水冲刷而变形或者堵塞。旦旦特意把巷道挖成弯曲的，如果巷道是笔直的，在遇到大风或者其他情况时，可能随时会被泥土填满。所以，它在距离洞口不远的地方，给巷道挖了一个长约 15 厘米的弯道。

旦旦把蜂房设在巷道的尽头处，这样足够安全妥当。蜂房有五个，蜂房与蜂房之间相互间隔而又独立，排成了半圆形。蜂房的形状和大小都与橄榄类似，里面不仅光滑，而且稳固。每个蜂房里面能够存放 3 只吉丁，这就满足了每只幼虫每天所需的食物。

蜂房建成了，旦旦就要开始寻找猎物了，而猎物就是吉丁。吉丁类似毛毛虫，主要寄生在树干或者树叶上，以蚕食树叶为生。准确地说，吉丁是一种有害昆虫，节腹泥蜂捕食它们，便成了为民除害的英雄。旦旦的视觉非常敏锐，观察能力超强。吉丁不管是爬在树干上，还是蜷在树叶下，旦旦都能看到。有只身色暗淡、体型修长的双棉芽吉丁正在贪婪地吃着树叶。可能是吃得太投入了，它完全忽略了周围危险的处境。这时，旦旦已经在旁边观察许久了。它轻手轻脚地爬上树，一点一点地接近那只贪吃的吉丁。突然，它迅速飞过去，一下子扑住吉丁，前脚死死抓住它，然后，把腹部的螯针扎进它的身体，毒液瞬间注入它的体内，双棉芽吉丁便动弹不得了。这种毒液还带有防腐剂的功能，能使吉丁保持新鲜，不腐烂。所以，吉丁的尸体在任何时候都保持着鲜亮的颜色，身体每个部分的薄膜都是柔软的，还可以弯曲。吉丁内外的器官也保持着拥有生命时的完整新鲜。旦旦把捕捉到的猎物运回蜂房后，又出来找寻吉丁。

吉丁虫杀手——节腹泥蜂

　　这次，它瞄准的是栖息在树干上的八棉芽吉丁。八棉芽吉丁呈椭圆形，蓝绿蓝绿的身体上长着两朵美丽的大黄斑。这只吉丁可能是刚吃饱，正准备小睡一会儿。它警觉地查看四周有没有天敌节腹泥蜂出现。由于旦旦藏得十分隐蔽，八棉芽吉丁完全察觉不出来。它似乎觉得现在的环境还比较安全，就开始酣然入睡了。这就给旦旦提供了良好的机会。它悄悄地爬到

节腹泥蜂旦旦有着超强的观察能力，一眼就发现了趴在树干上的双棉牙吉丁。

树上的吉丁睡得真香，完全没有意
识到身后隐藏着的危险。

吉丁身边，一把把它按住。八棉芽吉丁被这突如其来的袭击惊醒了。等它
反应回来时，旦旦的毒针已经蜇入它的体中了，八棉芽吉丁便完全失去知
觉了。旦旦高兴地把猎物放进蜂房，接着又出来了。

　　旦旦很快观察到有一只比八棉芽吉丁还大三四倍的碎点吉丁正蜷缩
在一片绿叶下。碎点吉丁的颜色呈蓝绿金属色，金光闪闪的。这只吉丁
用树叶作掩护来防御杀手，可惜技巧太拙劣了，这一切都被旦旦看在眼
里。旦旦轻轻地飞到离碎点吉丁较近的树叶上，再查看它的一举一动。

就在碎点吉丁丝毫没有觉察的情况下，旦旦便一举牢牢捉住它。它使劲地扭动身体，想要挣脱旦旦的束缚。旦旦前脚抓牢吉丁，果断地把毒针扎进它的身体。很快，刚刚还不停扭动的吉丁，现在已经变得一动不动了。旦旦又把吉丁迅速运回到蜂房里。

　　猎物捕到了，旦旦就在这三只吉丁中产卵。旦旦在很短的时间里把卵子排出体外，安放在吉丁身体里。卵虫在整个孵化期内食用妈妈捕到的吉丁，食物既丰富又充足。旦旦产下卵后，便用泥土把巷道口封住，让蜂房与外部彻底隔绝，以保证宝宝的安全。

天气真好，节腹泥蜂妈妈带着宝宝，
正在捕食呢。

　　虫宝宝孵化出来后，就能吃到旦旦为它们准备的食物了。它们靠着这三只吉丁逐渐长大，慢慢长成节腹泥蜂幼虫。等变成幼虫之后，它们需要更多更新鲜的食物来促进生长。旦旦又开始忙碌着为孩子捕食猎物。不一会儿，它捕到了一只肥大的吉丁。一回到嗷嗷待哺的孩子身边，旦旦就开始喂它们，孩子们都争先恐后地吃起来。随着虫宝宝一天天地长大，它们的食量也在一天天地增大，这就加重了旦旦的负担。正是出于母爱，旦旦每天不辞辛劳，起早贪黑，为孩子寻找吉丁。在母亲旦旦无微不至的照顾下，虫宝宝长大了，能跟着妈妈学习飞行和捕食了。旦旦就带领着孩子一起出去，教它们怎样捕杀猎物。孩子们在妈妈的耐心教导下，学得很快。有时，它们会捕捉到一只碎点吉丁；有时，它们会给妈妈带回来一只八棉芽吉丁。它们会因地点、天气和植被的不同而改变捕猎吉丁的种类。而孩子们饱餐后剩下的残留物，又全部成为吉丁的囊中之物。

第三章

高明的杀手

——栎棘节腹泥蜂

昆虫档案

昆虫名：栎棘节腹泥蜂

绰　　号：大节腹泥蜂

身世背景：节腹泥蜂的一种，体型硕大

生活习性：喜欢居住在干燥、阳光充足、地势
陡峻的地方，小部分生活在一起

喜　　好：喜欢捕食比自己小的猎物

武　　器：毒螯针

谋杀之迹

　　吉丁捕猎者的卓越功勋时时出现在我的脑海中，现在我期盼着能亲眼看看节腹泥蜂是怎样工作的。上帝爱我，这个机会终于来临了。只是，不是杜福尔所称赞的那种膜翅目昆虫，我现在看到这种昆虫与节腹泥蜂属同一种类，不过，它体型硕大，专门捕食个头小的猎物。这种昆虫被称为栎棘节腹泥蜂，也被称为大节腹泥蜂。在所有的节腹泥蜂中，数它的个子最高、身体最壮。它们是一群非常勤劳的"矿工"。

　　九月下旬的时候，所有的膜翅目掘地虫开始建造住所，并准备把为自己的幼虫捕猎的食物埋藏在住所里。不同的昆虫它们的住宅各不相同，我们现在所说的节腹泥蜂会将自己的房子建在垂直的地方。节腹泥蜂对于建房地点还有另外一个要求就是干燥，它需要把房子建在一个每天大部分时间都有阳光照射的地方。

节腹泥蜂正在建造自己的房屋，充足的阳光是它们首先要考虑的条件。

但仅仅选择垂直的地方安家还是不够安全的，为了面对秋天那一场场秋雨，节腹泥蜂还必须采取有效的措施防御雨水的侵袭。而那些像房檐一样凸出的硬砂岩片在土里形成了一个拳头大小的洞，就成了节腹泥蜂天然的避难所。节腹泥蜂没有群居的特性，但它们却喜欢一小部分聚集在一起，一般10只左右组成一组。它们会住在洞的深处，一组节腹泥蜂紧挨在一起。

阳光明媚的时候，这些勤劳的"矿工"便开始工作了。在洞里，它们有的会用大颚耐心地挑拣着砾石，再把这些石子扔到洞外；而有的则用跗骨上锋利的耙刮着走廊的墙壁，然后倒退着把刮下来的一堆泥屑扫到洞外。不过，也有一些节腹泥蜂在休息，也许是因为它们太累了，也许是因为它们已经完成了自己的工作。

在忙碌的工作中，也有的节腹泥蜂在胭脂虫栎附近的灌木丛上飞来飞去，低声嗡嗡叫着，它很快就能吸引来一只一直守候在住所旁的雄蜂尾随，就这样，一段美好的姻缘开始了。不过，在这个时候，通常会有另一只雄蜂来捣乱，它试图成为雌蜂的伴侣。于是，两只雄蜂便为了争抢伴侣而厮打起来，直到其中一只败下阵来。在不远处观看的雌蜂选择了胜利的一方后，它们一起比翼双飞了。雄蜂的数目差不多和雌蜂一样多，只是它们的个头却比雌蜂小了一半，所以，对于供应蜂房粮食的艰苦工作，它们会敬而远之。

栎棘节腹泥蜂总是会捕捉那些比自己身型大很多的小眼方喙象来喂养自己的幼虫，在垂直或者坡度很陡的平面上，节腹泥蜂会用自己的大颚非常艰辛地拖着猎物。因为困难太大，在拖运猎物的过程中，节腹泥蜂不知会栽多少个跟头，一不小心，还会同猎物一起滚到斜坡底下。但这一切，都无法阻挡不知疲倦的母亲继续拖运猎物，满身泥土的它最终会用尽全身力气将猎物运到洞里。栎棘节腹泥蜂还有着高超的飞行能力，它能抱起一个跟自己差不多大小但却重很多的猎物进行飞行。

这是一个多么强壮有力的捕猎者啊！好奇心让我靠近它，由于靠得

太近，栎棘节腹泥蜂受到了惊吓，立刻带着自己宝贵的猎物飞走了，飞到了我看不见的高处，这让我赞叹不已。但也不是每一次它都会逃。一次我用一根麦秸把它弄倒，在它倒地时，我把猎物抢了过来。遭到抢劫的节腹泥蜂开始四处寻觅，见找不到，就又飞出去重新捕猎。不到 10 分钟，它就又带着战利品回来了。

忙碌的工作中，节腹泥蜂在灌木丛中飞来飞去，很快就吸引了一直在它们住所附近守候的雄蜂。

　　我用这种办法曾连续抢劫同一只泥蜂 8 次，但它每一次都会重新再去捕猎。而且，栎棘节腹泥蜂每一次捕捉的猎物都是小眼方喙象。我在观察栎棘节腹泥蜂的猎物时，只有一次发现了一只交替方喙象；还有一次发现了白色甜菜象，也是最后一个例外。为什么栎棘节腹泥蜂会给幼虫吃同一种昆虫呢？是否因为幼虫吃惯了这种野味的汁？如果说杜福尔的节腹泥蜂能任意捕猎各种吉丁，是因为所有吉丁的味道都一样，那么象虫科昆虫也应当如此啊，它们的营养特征和味道也应当是相同的。

　　另外，在昆虫界中，绝对不是只有栎棘节腹泥蜂靠捕食大吻管科昆虫生存，许多别种节腹泥蜂也会根据自己的体形、力气和捕猎可能性等，去捕食相应的象虫科昆虫。

英姿飒爽的捕猎者正在四处寻找猎物。

就拿沙地节腹泥蜂来说吧，它会用类似的食物来喂养自己的幼虫。我就曾在它的洞穴里找到过直条根瘤象、长腿根瘤像、细长短喙象、耳象。大耳节腹泥蜂的猎物有草莓耳象和带刺叶象。而铁色节腹泥蜂也经常捕食鼠灰色叶象、带刺叶象、直条根瘤象、槭虎象。也有一些节腹泥蜂，它们喜欢吃最弱小的种类，比如四带节腹泥蜂，我就曾经在它的蜂房里发现了30只圆腹梨象。还有，朱尔节腹泥蜂是我们这个地区最小的节腹泥蜂，而它的主要猎物是体型最小的圆腹梨象和谷仓豆象。

可见，以鞘翅目昆虫为食的节腹泥蜂，多数是捕食象虫的，只有一种是捕食吉丁的。那么，这些膜翅目昆虫为什么把捕猎的范围局限得这么小呢？相信除了喜爱这种猎物的味道外，一定还有更重要的原因。

除此之外，对于节腹泥蜂能够让猎物尸体长时间保持新鲜的问题，我也感到迷惑。我得到的栎棘节腹泥蜂的猎物有从地下挖来的，也有从捕猎者手中抢来的。虽然这些猎物都已经死掉了，可是躯体都完整无损，色泽新鲜，膜和最小的关节都很柔软，并且内脏完好。即使把这些猎物放在放大镜下观察，也看不出它们的身上有任何一点伤痕。

我真的不敢相信，这些猎物已经死掉了。因为在通常情况下，如果天气炎热，死后的昆虫只要存放几个小时就会被烤干化，一碰就会碎掉；如果遇到了潮湿天气，那么它们就会腐烂发霉。

我曾把节腹泥蜂捕捉的吉丁和象甲放在玻璃管内，一个多月后，我发现它们的内脏仍然像开始时那么新鲜，这让我非常吃惊。这也让我相信，它们身上还有生命力存在，只是这是一种潜伏着的消极的生命，是植物性的生命。有了这种生命，它才能在与化学力量的腐蚀性斗争中取胜，从而让自己的身体不腐烂。这个奇迹是由神经系统的神秘特性引起的。

对此，我并不是乱讲。我有事实证据，我的那些象虫，虽然它们没有再醒来，不过，它们却也没有真正的死去，它们一直处于沉睡状态。它们在沉睡的第一个星期里，仍有正常的排便，直到把肠胃排空为止。

我曾把几只刚从地里挖来的象虫放在一个装有木屑的小瓶里，并在

木屑上滴了几滴苯。一刻钟后，我居然看到它们的腿动了动。在那一刻，我还以为它要活过来，可那只是它腿部的动作即将消失的反应能力的回光返照，很快就停了下来，并且无论我怎么激活，它都不肯再动一下了。后来，我又多次进行了这样的试验，那些从死亡几小时到死亡了三四天的象虫，全都出现了同样的情况。只是死亡时间越久，就需要越长的时间才能激起它的动作。这些动作总是从前部蔓延到后部。最初是触角先慢慢地摆动几下，接下来前跗骨也开始抖动，再下来是第二对跗骨开始动，最后动起来的是第三对跗骨。跗骨动起来时，它的各个附属部分就都跟着胡乱地动，直到最后停下来。如果昆虫死亡的时间太久了，那么它跗骨的摆动就不会传到较远的部位，腿会一直不动。

这些事实都证明了昆虫立即死亡的假设是不成立的，也与昆虫尸体依靠某种防腐液保持新鲜的假设背道而驰的。这些试验证明：昆虫因为受到伤害而无法活动，它的反应能力也在慢慢消失。不过，在这个过程中，它的植物性功能却比较顽强，消失得也比较慢。因此它的身体才能保存得完好、新鲜，以供幼虫在需要时享用。

看起来一动不动的象虫并没有死去，所以它
们看上去依然十分新鲜

另外，我们观察到一点，那就是这些象虫是被节腹泥蜂的毒螯针谋杀的。可象虫身披坚硬的甲胄，甲胄又拼合得十分紧密，节腹泥蜂毒螯针是如何刺入的呢？在那些死于毒螯针的昆虫身上，我用放大镜观察，可还是不能看出任何谋杀的迹象。现在，我们也只能尝试通过直接研究膜翅目昆虫的谋杀手段来解决这个问题。虽然我也觉得无能为力，可我还是进行了尝试。

节腹泥蜂从洞穴里飞出去捕猎时，是没有固定的方向乱飞的。虽然是这样，但通常情况下，它们的一次捕猎行动不会超过 10 分钟。所以，我想它们的飞行范围应该不是很大，何况这中间还包括它发现猎物、捕捉猎物的时间。于是我开始在它的洞穴周围寻找，希望可以找到正在捕猎的节腹泥蜂。可我并没有找到，我开始想这个办法并没有什么可取性，因为，即使我找到了，它们飞得那么快，我也不能观察到什么。所以，我放弃了这个方法。

那么，如果我在节腹泥蜂的洞穴附近放一些活象虫，是不是就能更加轻松地看到它们捕猎的场景呢？我觉得自己的这个想法实在是太棒了。

经过了两天的寻找，我终于找到了 3 只象虫，它们光秃秃的身上沾满了泥土，有的没了触须，有的没了跗骨。我开始担心，节腹泥蜂是否要这样的伤残对象！管不了这么多了，还是试试再说吧！我蹲守在节腹泥蜂洞口，认真观察着。不一会儿，我就看到一只节腹泥蜂拖着它的猎物进了洞，在它还没有飞出来作下一次捕猎前。我把捉来的一只象虫放在了距离洞口几法寸的地方。象虫开始四处走动，一旦走远，我就必须把它抓回原处。节腹泥蜂终于出来了，我的心跳开始加速。

它在家门口飞了好一会儿，终于发现了这只象虫，可它用腿碰了碰后，就飞走了。这可是我费了九牛二虎之力才捉到的象虫，它竟然都不屑用它的大颚去碰一碰。我又到别的洞口做了同样的试验，结果还是一样。我想可能是我在抓象虫时，不小心把节腹泥蜂不喜欢的某种气味传到象虫身上了吧。

节腹泥蜂对猎物的要求很高，稍有残缺或者气味不好的象虫，可都不是它们的"菜"。

　　那么，如果我能制造某种条件，使节腹泥蜂用它的螯针自卫，能不能得到些什么呢？接下来，我把一只节腹泥蜂和一只方喙象放在同一个瓶子里，然后摇晃瓶子，我想让它们发生战斗。可是，节腹泥蜂的第一反应不是进攻而是逃走。象虫却成了进攻者，用它的吻管抓住了节腹泥蜂的一只腿，而节腹泥蜂却吓得连自卫都不敢了。看来，我只能再想别的办法了！

　　这时，一个灵感让我再次看到了希望。没错，这个主意妙，一定会成功的！如果是在节腹泥蜂寻找猎物的关键时刻，那么它对猎物就不会这么挑剔了。

我前面说过，节腹泥蜂抱着猎物回来时，会停落在离洞口不远处的斜坡底下，然后再把猎物拖进洞里。我利用这个机会，用镊子夹着猎物的一只腿把它从节腹泥蜂的怀抱里拽出来，之后立即把一只活象虫扔给它。我成功了。节腹泥蜂发现猎物被抢走，急得四处乱转。当它看到这只活象虫时，一下子就扑了过去，把它带走了。当它的这只猎物还是活的时候，一场谋杀就开始了。节腹泥蜂用它那强大的大颚用力夹住象虫的吻管，象虫被迫直立起身子，这时，节腹泥蜂则用它的前爪使劲压着象虫的背。这样，象虫的腹部关节就微微张开了。节腹泥蜂用腹部紧贴方喙象的肚子底部，然后弓起身子，用带毒的螫针在方喙象的第一对腿和第二对腿之间的前胸关节处使劲儿螫了两三下。这就是这场凶杀案的全过程。被杀者没有浑身抽搐、四肢乱蹬，就仿佛是被雷击了似的突然不动了。随后，节腹泥蜂把象虫的尸体背朝地翻过来，跟它肚子贴着肚子，用腿一左一右地紧紧抱住尸体飞走了。这场面，真叫人拍案叫绝。这也是为什么，我们在显微镜下，也无法找到象虫被杀痕迹的原因了。

节腹泥蜂在很短时间内就将猎物迅速毒杀了，可真是一个捕猎高手。

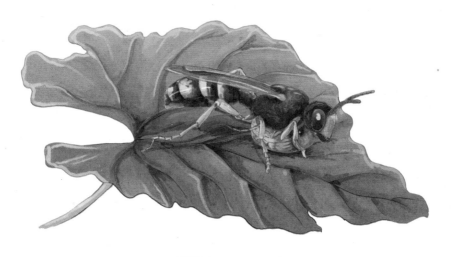

　　我的 3 只象虫就在我眼皮底下被动了手术，现在不管是用镊子夹还是戳，它们都不会做出任何反应了，只能用前面的刺激手段，才能让它们有所反应。

　　不过，接下来又有了新的问题出现。这些又粗又胖的方喙象即使落到昆虫标本收集者手里，被它用一根大头针刺穿，也会挣扎几天、几个星期，甚至是几个月呢！可被节腹泥蜂轻轻一蜇，注射了一小滴微乎其微的毒汁，就立刻停止不动了。

　　在化学上并没有这种剂量如此少而毒性如此剧烈的毒药啊，就算氰化氢勉强能产生这样的效果，那也得需要节腹泥蜂能制造出氰化氢才行啊。

　　所以想要弄清象虫为什么能在这么短的时间内就死亡，我们就不能再只局限于毒理学方面了，我们还必须从生理学和解剖学方面去研究。为了找到答案，我们需要研究的不是节腹泥蜂毒液的剧烈毒性，也不是被蜇刺器官的大小，而是要知道它的螯针在插入猎物体内时到底发生了什么事。

高明的杀手

　　现在看看节腹泥蜂是如何做到在地下的一个蜂房里搜寻猎物和在上面产卵，以保证自己的后代有足够的食物成长。

　　在为幼虫寻找食物方面，看起来不是什么难事，但仔细琢磨，就觉得不是一件简单的事了。我们人类打猎，总会把猎物弄得血淋淋的；但膜翅目昆虫不仅不吃血淋淋的食物，还要自己的猎物完好无损，必须保持好的形状和色泽，甚至连薄膜都要求没有破裂，更不能出现裂开的伤口以及恐怖丑陋的死亡表情。所以，它的猎物会像活的昆虫一样，就连蝶翅上精细的彩色鳞片也不缺，只是不能用手去碰。想想看，就是自然死亡的昆虫，也不会保存得如此完好吧？要让我们人来做这样一件事，不管用什么方法，都不可能做得如此之好。

节腹泥蜂和看起来比自己强壮很多的敌人对峙着，似乎要进行一场殊死搏斗。

要保持猎物尸体的新鲜更是一个难题。节腹泥蜂的幼虫只吃新鲜的食物，哪怕食物有一点点臭味，它也不会去吃。所以幼虫的食物必须不能腐烂，但这又是一个问题。只有活的东西才不会腐烂变质。难道节腹泥蜂要把活猎物藏在自己的家中吗？它的幼虫非常柔弱，哪怕轻微地碰一下，也会导致其死亡。如果在幼虫成长的几个星期里，天天面对这些不断挥舞着带铁刺的长腿的鞘翅目昆虫，后果如何，我想也不需要过多描述。因此，要保证幼虫的安全成长，就必须让它吃得上新鲜而又并非鲜活的猎物内脏，这怎看都觉得是天方夜谭。面对这样的食物难题，人类是束手无策了。但这个问题在节腹泥蜂看来，却根本算不上什么问题。

对于人类而言，要保持食物的新鲜，就必须把食物做成罐头或者使用防腐液进行杀菌。而节腹泥蜂究竟是用什么方法来保持食物新鲜的呢？是用它那具有卓绝杀菌防腐效力的毒液吗？目前我们也不得而知。也和人类一样，是用什么奇妙的防腐液来保存鲜肉吗？这也应该是否定的。因为

用防腐液保存的鲜肉没有真正的鲜肉那样的颤动性。节腹泥蜂的幼虫是很敏感的，它们需要的是一种尽管已了无生机却仍然活着的猎物。对于此，科学家给出的答案就是麻痹了。要让猎物既不能活动又没有死亡，那只有一个方法才能实现这个目的：就是在猎物身上最合适而精准的部位上进行手术，损坏、折断昆虫的神经器官让猎物处于昏迷状态，但又不至于死亡。但这个方法难度太高，让人去做这件事都不一定能成功。而且节腹泥蜂的猎物和人不一样，它是用背走路的，脊髓在腹部，顺着肺和肚子分列排布。神经器官也在它的腹部，要麻痹昆虫只能从腹部下手。对于节腹泥蜂来说，又一个难题出现了，因为它的猎物有着鞘翅目昆虫披挂着的坚硬的甲胄，而它的螯针却太过纤细、脆弱了，完全不能穿过甲胄。所以节腹泥蜂可选择的部位不多，全都集中在了昆虫只覆盖着一层薄膜的关节上，这些薄膜抵挡不住节腹泥蜂细针的攻击。但在关节这个地方，神经系统不集中，无法达到全身麻醉的效果。节腹泥蜂需要猎物一击得手，不能有过多挣扎。如果要刺多次才能得手，有可能危及猎物的生命，达不到保鲜的效果。所以，节腹泥蜂必须一针刺在膜翅目昆虫的神经中枢上。但是，膜翅目昆虫的神经中枢有很多的核或神经节，这些神经节分布于腹部的中轴线上，彼此间的距离也不一样，由神经髓质的双重饰带串联成了一个念珠串的模样，胸部神经节也就是支配翅膀和腿部运动的神经节，共有三个。节腹泥蜂要刺的就是这些点，这样猎物也就无法挣扎了。

　　节腹泥蜂的螯针能蜇入的只有两处地方：一处在猎物的颈与前胸之间；另一处是猎物的前胸和胸部其余部位之间的关节，也就是第一对腿和第二对腿之间的关节。螯针不能刺在颈关节上，因为它离腿根附近支配腿部活动的神经节太远，无法让腿不活动。所以，它们只能刺在第二处地方了。

　　那么，节腹泥蜂是如何选择这个刺入点的呢？要找到这个薄弱的位置，只有熟知昆虫解剖学结构的生理学家才能做到。而节腹泥蜂却轻而易举地做到了，这不能不说是个奇迹。并且，发育完全的昆虫的运动器官是由三处神经节支配的，几处神经节还相隔有点儿距离。从麻痹的效果来看，

节腹泥蜂用螯针麻醉猎物胸部的关节，使得它们无法动弹，再轻而易举拿下它们。

如果一个中心点受损，也不会过多地影响其余的肢体。再说螯针很短，也不能一个接一个地刺。在节腹泥蜂看来，猎物的神经节相互间靠得越近越好，越集中越好，这样在攻击的时候，效果就更好了。

但是，问题的关键在于，哪些猎物容易出现这种效果呢？我问过许多专家，如果不查找资料，他们根本就说不出来哪些鞘翅目昆虫的神经节点是集中在一起的。后来，我在 E. 布朗夏尔先生《关于鞘翅目昆虫的神经系统》的著作中找到了自己需要的答案。他的书告诉我，金龟子就是这样的昆虫。但它的体型过大，节腹泥蜂对付不了它，加上许多金龟子都生活在粪便里，而节腹泥蜂天性爱干净，当然不会以金龟子为食了。另外，阎虫科昆虫的运动神经中枢靠得也比较近，但它们同样不讲卫生，所以不会被节腹泥蜂所喜欢。这样，就只剩下吉丁和象虫了。

吉丁和象虫是非常爱干净的。它们种类繁多，形态各异，体型和节腹泥蜂大小差不多大，支配腿和翅膀运动的神经中枢集中在一处，对节腹泥蜂来说可以一刺即中。所以，各种节腹泥蜂的洞穴里堆放着的猎物，虽然看上去让人眼花缭乱，但在内部结构上是有共同点的——它们的神经器官集中在一处。

我决定用试验来进行一次验证。我用一根针把一小滴腐蚀性液体氨水轻轻刺入昆虫的第一对腿与前胸的连接点上，这样，它的神经系统就被麻痹了。为了区分开来，我选了不同类型的昆虫来试验。如对于胸部神经节彼此靠近的昆虫，我选的是金龟子科昆虫，即圣甲虫和宽颈金龟子；吉丁科昆虫中的棕色吉丁；还有象虫。对于胸部神经节彼此隔开的昆虫，我选了步甲科昆虫中的小红夜蛾、步甲、强步甲、心步甲等；天牛科昆虫中的楔天牛、沟胫天牛；还有杨树叶甲科昆虫，主要有琵琶甲和盗虻。在金

节腹泥蜂带着猎物象虫，满心欢喜地飞舞在花丛中。

节腹泥蜂一击击中猎物，猎物
便一动也不动了。

龟子、吉丁和象虫身上，麻痹的效果非常好，氨水一碰到它们的神经中枢，昆虫就立刻停止了行动，一动不动，效果远远超过了节腹泥蜂的蜇刺。就连生命力最强的圣甲虫，在麻痹效果下也立刻停止不动。而像金龟子、吉丁和象虫这些昆虫，甚至在以后的两个月时间里都不动一下。但它们还活着，内脏依然十分新鲜，排便也非常正常，假如我们用电流刺激它们的腿部，会发现它依然能动弹。

总之，用氨水破坏昆虫的胸部神经中枢所造成的效果，与被节腹泥蜂的蜇所刺的是一样的。但是，氨水一般情况下只能麻痹腿部，液体的毒性不会传得很远，即使是被注射了一个月之后，昆虫依然能保持很强的敏感性，只要触动它一下，其触角就会马上缩回去。而被节腹泥蜂蜇伤的象虫，其触角也会抖动。

注射氨水能使金龟子、象虫和吉丁立即终止运动，可是并不能让它们昏迷休克。如果掌握得不好，如刺得太深，或者滴的氨水毒性太强，昆虫就会死掉，尸体就会发臭腐烂；如果刺得太浅，昆虫在昏迷后不久就会醒过来。

在另一个试验上，也就是胸部神经节彼此隔开的昆虫身上，效果就完全不一样了。步甲科昆虫被刺了一针后，开始会发生一阵剧烈而无规则的抽搐。但接着，它会慢慢平静下来，几小时后便恢复了正常的运动功能，仿佛并没有受过刺激一般。

重复做这样的试验，效果是相同的；如果加重力度与药水量，昆虫就会死掉，尸体就会腐烂变质。这一点，氨水在杨树叶甲和天牛的身上产生的效果是最具说明性的。只要往它们的体内注入一小滴腐蚀性液体，杨树叶甲和天牛就一动不动了，仿佛是彻底死掉一般。但这种现象只是一种假象。到了第二天，杨树叶甲和天牛就会恢复过来，而且精神还比以前好多了。只有氨水的分量足够时，才能让它们动弹不得。这就意味着，它们已经完全死掉了，而且不久以后，尸体就会腐烂。而对于神经节彼此隔开的鞘翅目昆虫，这种方法完全没有效果。

试验已经很能说明问题了。捕捉鞘翅目昆虫的节腹泥蜂在选择猎物时所应用的理论是高深的，一般人是无法领悟的，而对于这种现象，用偶然性来解释是无法说通的。

第四章
快乐的工作者
——黄翅飞蝗泥蜂

昆虫档案

昆虫名：黄翅飞蝗泥蜂

身份背景：一般生活在平原地区，体形细长，全身为黑色的，有黄色、橙色或者红色的斑纹，头很大，有丝状的触角

生活习性：喜欢群居，不善单独行动，猎物一般是轻巧的蟋蟀

喜　好：喜欢吃蟋蟀和蝗虫

绝　技：能以飞一般的速度把高大健壮的猎物降伏

武　器：螯针

快乐的工作者

　　掠夺者只能选好一个位置刺杀鞘翅目昆虫，毕竟猎物身上的盔甲坚不可摧，不是那么好制伏的。不过谋杀者绝对是火眼金睛，它可是将鞘翅目昆虫盔甲看得一清二楚了，所以，对谋杀者来说，从哪些地方刺入毒针简直易如反掌。象虫和吉丁等昆虫是它们的主要消灭对象，因为这类昆虫有集中的神经器官，谋杀者一下就可以同时刺伤猎物的三个运动神经中枢。假如昆虫的表层既柔软，又没有盔甲，那么对于膜翅目昆虫来说，行凶时无论刺到哪个部位都没有关系。

　　这是怎么回事呢？难道膜翅目昆虫在蜇刺时会有特别的原则？就像杀人犯杀人时会刺受害者的心脏，快刀斩乱麻以绝后患一样。那这个谋杀

小小的黄翅飞蝗泥蜂速度迅猛，能将
比自己大许多倍的猎物降服。

者是否也会像节腹泥蜂那样，宁可刺伤猎物的运动神经节呢？如果真是如此，假定这些昆虫的神经节彼此独立，并各自发挥作用，麻醉了一个神经节，其他神经节依然保持正常，会有什么情况发生呢？别着急，下面这个蟋蟀的捕猎者——黄翅飞蝗泥蜂的故事会为你一一解答。

七月末，一直忠心守护卵的黄翅飞蝗泥蜂会从地下摇篮飞出来，飞往罗兰蓟的枝头。罗兰蓟是一种极为普通但又特别健壮的植物，在八月烈日的炙烤下，它不屈不挠，昂首挺胸。黄翅飞蝗泥蜂在它那带刺茎的枝头上飞来飞去，寻找蜜汁。不过对于黄翅飞蝗泥蜂来说，这种生活是极为短暂的。九月以后，辛苦的挖掘和狩猎就要成为它工作的主导。一般来说，黄翅飞蝗会把家安在道路两侧的边坡上，空间不太大，易于挖掘的沙土和充足的阳光是安家的必备条件。另外，它没有准备任何遮风挡雨的措施，一块无遮无挡、饱受风雨侵袭的水平场地是它的最佳选择。假如在它掘地时，遭遇一场突如其来的暴雨，那可就完了，它也只能自认倒霉，选择放弃了。

一般情况下，黄翅飞蝗泥蜂不会单独行动，而是一群伙伴共同开发选好的场所。要是想了解清楚这些勤劳的工人们那忙碌的工作，那可就不得不持续观察它们好多天了。

工人们用那被称为"犹如利刃"的前腿，像耙子一样迅速挖掘着土地。它们还乐呵呵地哼着歌，歌声时不时随双翅和胸腔的振动而抑扬顿挫，好像在为伙伴们加油一般。工地上弥漫着尘土，它们轻轻抖动的羽翼上也积攒了细碎的尘埃。大点的沙砾被它们滚到了离工作地比较远的地方。有时候，遇到大的、难耙的沙砾时，它们就会使出一身猛劲，发出一声大吼，腿颚并用地快速挖出一个能容身的小洞来。随后，它先是挖一会儿土，接着把挖出的土扒到身后去。在这两项紧凑的工作中，黄翅飞蝗泥蜂如同被弹簧弹出一般朝前冲去，蹦跳着，微微抽动腹部，触角也一颤一颤的，全身都震得发响。这时，我们已看不到工人们的身影了，可还能听到它们精神抖擞的歌声，有时还能看见它正将沙土往洞口推的后腿。偶尔，它们也

工地上尘土飞扬，黄翅飞蝗泥蜂抖动着翅膀，
将大一点的沙石搬到更远些的地方去。

会停下来歇会儿，或者抖抖身上的尘土，或者到周围去巡视一圈。

　　勤劳的工人们不会歇息太久，因此它们的洞穴也就几个小时便能完工了。到那时，黄翅飞蝗泥蜂会高唱胜利的歌曲，并对洞穴做最后的修整，以达到完美。

　　我见过许许多多黄翅飞蝗泥蜂，其中一种令我至今难以忘记。当时，保养路面的工人们在路面一侧挖沟时，挖出了很多湿润的泥土堆。其中有1.5米高的锥形土堆，湿土已被太阳晒干。飞蝗泥蜂钟情于此，在此建了一个我所见过的居民最多的村落。整个土堆从下到上洞穴密布，从表面看

去就像一块大地毯。生活在这里的居民热火朝天地忙碌着，来来往往，不禁令人联想起热闹的工地。它们用触角拖来蟋蟀，储存在自己的储物柜里。正在开发的通道上尘土飞扬，满脸灰尘的工人们出出进进、忙个不停。偶尔也会有黄翅飞蝗泥蜂爬上堆顶，忙里偷闲一番，似乎要从高处观赏自己的杰作。多美呀，我都有点儿流连忘返了。

回头瞧瞧最常见的黄翅飞蝗泥蜂吧，那才是真正在大自然怀抱中工作的工人。黄翅飞蝗泥蜂一挖好洞，立马就开始狩猎了。趁此机会好好观察观察它们的住处吧！一般来说，它们乐意群居在平坦的地方，但也并不是所有黄翅飞蝗泥蜂的住处都是坦荡荡的，有的地方凹下去，被植物的细根死死地板结起来；有的地方凸出来，表面生长着一簇草皮或者蒿属植物。这些凹凸不平的侧面成了黄翅飞蝗泥蜂安家的场所，家的入口处首先是一个水平的门厅，约两三法寸深，这儿通向隐藏所，也是孵育幼虫、储存食物的场所。如果天气不好，它们就在门厅里藏起来。白天，这里是它们休息的场所，夜晚则成了它们的藏身之处。瞧，它那表情丰富的面孔和肆无忌惮的大眼睛正从门口探出。走过门厅便是一个大转弯，坡度很小，向下延伸至两三法寸。一个椭圆形的蜂房矗立在土坡的尽头，蜂房的直径很长，这条直径也是它最长的轴线。蜂房内部虽然家徒四壁，但依然看得出是经过精心建造的，坚实的沙土，经过修整的地板、天花板、墙壁，不会轻易坍塌，也不容易伤害幼虫稚嫩的皮肤，都是它的闪光之处。过道与蜂房相通的入口狭窄得只能容黄翅蝗泥蜂与猎物一起通过。黄翅飞蝗泥蜂在第一个蜂房里产下一个卵，又准备好充足的食物后，就会封住入口，在第一个蜂房旁再挖第二个洞，然后同样产卵备食，紧接着再挖第三个甚至第四个洞。

最后，它们才把洞口收拾得干净利落。一般来说，一个洞穴有三个蜂房，但也有两个蜂房的，至于四个蜂房的，那可就更少了。通过对黄翅飞蝗泥蜂的尸体解剖，知道它有 30 个卵，这就需要十个蜂窝。不过整个九月它们要完成所有的筑巢工作，两三天就要建一个蜂窝，还要准备食物。在那么短的时间内，它们要挖洞、捕捉 12 只蟋蟀，把猎物千辛万苦地运回来放进仓库、封住洞口，简直争分夺秒呀！遇上糟糕的天气，它们什么也做不成。所以我们不难想象，黄翅飞蝗泥蜂抓蟋蟀的速度可以说是十分迅速。

可是，它们运蟋蟀的方法怎么这么啰唆？地道容得下猎物和它一起通过，它完全可以走在前面，把蟋蟀拖在后面，用不着先进洞再返回运猎物。为什么不这样做呢？我们常见的各种膜翅目掠夺者，对这些细枝末节是不讲究的，它们用大颚和中间的那两条腿把猎物抱在腹下，然后就径直进到了洞穴深处。节腹泥蜂最初是把工作复杂化的，它先把吉丁放在洞口，自己倒退着进入地道，然后用颚咬住猎物拖到洞里，这是杜福尔所看到的。相同的情况下，节腹泥蜂所采取的方法与蟋蟀捕捉者的方法截然不同。把猎物运进洞之前为什么还要检查？难道说是黄翅飞蝗泥蜂谨小慎微，以防外敌入侵，还是说它是在预防寄生虫闯入？可这种寄生虫是什么呢？各种双翅目的小飞虫都掠夺成性，尤其是弥寄蝇，它们总是守候在膜翅目昆虫的洞口，只要一有机会，就会把卵产在飞蝗泥蜂的猎物身上；但它们不会

一只黄翅飞蝗泥蜂正艰难地抱着猎物蟋蟀前进，它要将猎物运送回仓库。

偷溜着进去，也不敢擅自闯入。如果擅自行动，一旦碰见物主，就会粉身碎骨。同样地，黄翅飞蝗泥蜂也会受到弥寄蝇的抢掠，可是弥寄蝇绝不会进入飞蝗泥蜂的巢洞里搞破坏，它们即使不入洞，也可很快在蟋蟀身上产卵，利用黄翅飞蝗泥蜂把猎物扔在洞口的机会，把繁衍后代的希望托付给蟋蟀。黄翅飞蝗泥蜂肯定不会因此先到洞里查看的，其中一定另有隐情。而下面的情况便是有关这个问题，我们所能观察到的合理解释。在一群埋头苦干的黄翅飞蝗泥蜂中间，是不允许有别的膜翅目昆虫混入的。

一次，在蜂群中我忽然发现了一个异类，那是一只黑色步甲。这个混在蜂群中的不速之客，很淡定地搬运沙粒等材料，覆盖在了黄翅飞蝗泥蜂窝旁边的一个洞口上，这个洞口大小与蜂窝口的差不多。这个异类工作很仔细，让人意想不到的是，它的卵就埋在那洞口下。这时，一只黄翅飞蝗泥蜂显得局促不安起来，可能它就是这个洞的真正主人，有别的膜翅目昆虫闯入时，它会立即追赶，可它又惊慌失措地跑出来，而黑色步甲依然安然无恙地继续自己的事情。我在它们争夺的洞里发现了 4 只蟋蟀，我觉得这只黑色步甲不可能消化掉它们。它个头太小，最多只有黄翅飞蝗泥蜂的一半。看到黑色布甲像模像样地封洞口，或许人们会认为这个洞的主人是它呢，其实它才是那个侵略者。为什么个头大、力气大的黄翅飞蝗泥蜂会甘拜下风呢？黑色布甲看起来倒像个强者，名正言顺地侵占了别人的洞穴。

除此以外，我在别的地方多次见过这种被初步确认为寄生虫的黑色步甲，在用它的触角推一只蟋蟀。这是它理所当然的猎物吗？我很迟疑，它沿着路面好像在寻找适合的洞穴，似乎很犹豫不决。它是否为自己的猎物辛苦挖掘，可挖掘成果又在何处？甚至有时它会把猎物扔了，这么不知道珍惜，恰好说明这猎物不归它的劳动所得，所以我怀疑那猎物是它偷来的。同样，我也怀疑便服步甲，它们的腹部长着一条白带，会用蝗虫喂养幼虫。我从没见过它挖掘地洞，但看到它拖着一只蝗虫，这战利品想必会令黄翅飞蝗泥蜂很不高兴。不同种类的昆虫共同享用这些战利品，真的合

一只黑色的步甲虫像模像样地守在洞口，仿佛它才是这里的主人。

理吗？我之前对它们的怀疑也有些不合理，为了纠正错误，我公开说，我曾亲眼看到跗猴步甲蜂正大光明地抓住了一只幼小的蝗虫，还挖了巢房，凭借自己的真本领获得了猎物。

所以我也很难找出黄翅飞蝗泥蜂先进洞后运猎物的真正缘由，或许除了把私闯它的宅子的寄生虫赶出去之外，还另有他因？大自然的现象千姿百态，人们的智慧有限，谁又能解释清楚呢？

无论如何，我会告诉大家那个令人欣喜若狂的试验：当黄翅飞蝗泥蜂这个快乐的工作者进洞巡查时，我偷偷把它暂时丢弃的蟋蟀挪到了一旁，当它飞回来时，东看看西看看，突然发现猎物被挪动了，便从洞里飞出来，把蟋蟀放在原处，放好后又独自进了洞。同样的方法我用了好多次，小小的快乐工作者每次都很不开心，反复重复着把猎物放在洞口，又独自进洞的动物，无一例外。我在一只黄翅飞蝗泥蜂身上试验了不下 40 次，结果

还是一成不变，最后我不得不投降，毕竟黄翅飞蝗泥蜂太执著了，我被它百折不挠的精神战胜了。

在同样一个地方，我对我特别感兴趣的小小工作者们进行了相同的实验，不过它们无一例外地表现出英勇战斗的精神，不屈不挠。我很好奇，猜想它们或许出于本能，或许它们的能力无法应对外来的环境，不过，接下的事情却出乎我的意料。

到了第二年，我又来到同样的地方仔细观察。后代们继承了先辈们建筑、挖洞的方法。在这里我进行了同样的挪动蟋蟀的小试验，不过结果还是相同的，它们很用心地重复无用功。我有点儿幸灾乐祸，不过突然发现的另一次试验却让我大跌眼镜。我发现离刚才那个地方稍远一些的地点，还有另一个泥蜂群，我又在那里开始了我的试验。刚开始时，试验结果完全相同，不过不要小看了这群泥蜂，过了一会儿，泥蜂不再重复错误，小小的工作者一下拖住蟋蟀，咬住蟋蟀的触角进洞去了。完了，我的试验目的被发现了，我是不是很傻？它们变得更加聪明了，不再坚持把猎物放在一边后再进洞，而是把猎物直接拖到洞里，它们变聪明了，这说明了什么？它们也在进步，也在适应新环境，在祖先的引领下，这些蜂类越来越灵活了。其实它们和人一样，有的笨拙，有的灵活，出生地不同，才华也有不同之处呀！

后来，我又去了别的地方做试验，不过结果我取得了成功，那是因为我遇到的是一个四肢发达、头脑简单，显得有些笨拙的蜂群。

 ## 超胜绝伦的战术

很明显，黄翅飞蝗泥蜂这个快乐的工作者在对付蟋蟀时使出了浑身解数，所以，仔细观察它捕杀猎物的整个过程对我们来说很增长见识。在观察节腹泥蜂时，我做了很多尝试，而且收获颇丰。因此，我将通过观察

节腹泥蜂而得出的行之有效的方法，转嫁到黄翅飞蝗泥蜂的身上。这个方法是：迅速把它捕杀的猎物带走，用另外的活猎物代替刚才的猎物。前一章已经提及，黄翅飞蝗泥蜂在进洞之前会把猎物放在门口，接着径直进洞，这可是偷换猎物的绝佳机会。假如它有足够的勇气爬到我们的身旁，甚至爬到我们手上来夺取那个活猎物，就最好不过了，因为我们可以近距离清晰地看到它的整个猎杀过程，多美妙呀！

　　捉到活的蟋蟀对我们来说简直易如反掌，甚至一掀开石头就会发现很多蟋蟀堆挤在一起，为什么呢？这是因为它们喜欢偷偷躲在石头下面晒太阳，那时的它们还那样幼小，翅膀还那样稚嫩，也没什么本领，更不用说像已经成年的蟋蟀那样挖洞躲避外来攻击了。于是我便放心大胆地捉了好多蟋蟀，一切准备妥当，我爬到了观察地的高处，开始耐心地等待黄翅飞蝗泥蜂们的到来，一场好戏就要开场了！

　　过了一会儿，一只黄翅飞蝗泥蜂带着一只蟋蟀回来了，它首先把猎物放在洞口，然后径直走进了洞里，说时迟，那时快，趁此机会我迅速把它的猎物拿走，用活的蟋蟀替代物放在离洞口不远的地方。做完这一切后，我返回原处，屏住呼吸，目不转睛地观察接下来发生的大战：猎手回来了，它略一沉思便迫不及待飞奔过去捉那只活蟋蟀。蟋蟀恐惧极了，它蹦着跳着想要逃跑，可事与愿违，还没来得及跑，猎手便朝它忽地一下扑过去，顿时双方扭打在一起，一时尘土飞扬，真是难分高下。不过，最终猎手取得了胜利，蟋蟀惨败。这场战斗结束了，猎手忙着收拾场地，处理战利品。它反向趴在蟋蟀的肚皮上，用它的大颚咬着蟋蟀腹部末端的一块肉，前足狠命勒住猎物的后腿，中足卡住猎物颤抖的肋部，后足则像两把钳子一样按住猎物的脸，这时蟋蟀的脖子都快被抓散架了。为防止被猎物咬到，猎手把腹部弯成一个直角的凹面，这便是黄翅飞蝗泥蜂的螫针，它像一把匕首，接下来对猎物进行了致命的三击：第一下刺中了猎物的脖子，第二下刺在猎物胸部的前两节关节之间，最后一下刺在猎物的腹部。这就是黄翅飞蝗泥蜂的匕首三击，三击之后，猎物再也动弹不得了，这时猎手很骄傲

地舒展了衣襟，流露出胜利者的姿态，准备把猎物运回洞里，而可怜的猎物此时已经奄奄一息了。

前面我们对猎手的捕猎过程介绍得较为简单，下面让我们细细品味猎手精彩纷呈的战略战术吧。

节腹泥蜂的猎物缺乏进攻的武器，在战斗过程中处于弱势，连逃跑都很难，身上的坚甲是它们用于防身的唯一武器，可猎手清晰地了解坚甲的致命弱点。对猎手们来说，捕捉猎物简直易如反掌。不过，黄翅飞蝗泥蜂的情况与之却有天壤之别。黄翅飞蝗泥蜂的猎取对象双腿健壮，上面布满两排尖锐锋利的锯齿，力气也不小，完全可以依靠两腿蹦跳迅速逃离，或者用于攻击对手，狠狠地把黄翅飞蝗泥蜂踢倒在地，不容反击。另外，黄翅飞蝗泥蜂的猎取对象还长着凶猛的大颚，猎手一旦被咬住，可能就会尸骨分离，简直不敢想象。

一只黄翅飞蝗泥蜂带着猎物回来了，它将猎物放在了门口，自己径直钻进了洞里。

所以呢，黄翅飞蝗泥蜂不会轻易动用它的螯针攻击对手，它在使用武器前非常小心谨慎。猎物仰面朝天倒在地面上，没办法逃走了，它带锯齿的大腿被黄翅飞蝗泥蜂狠命压住，无法反抗，而双颚被黄翅飞蝗泥蜂的后腿紧紧按住，动弹不得，受神经分支支配的所有部位都已经瘫痪了。吉丁和象虫就是如此，一旦它们的胸部神经中枢被节腹泥蜂刺中，便会完全瘫痪，只能坐以待毙了。正常情况下，黄翅飞蝗泥蜂如果遭到攻击，它会悄悄溜走，像象虫遭受节腹泥蜂攻击时那样。

蟋蟀的三对脚是怎样活动的呢？让我们解剖一只蟋蟀看看就会一目了然，不过黄翅飞蝗泥蜂早就知道这个秘密了：蟋蟀的三个神经中枢彼此距离很远，所以呢，黄翅飞蝗泥蜂捕猎时用螯针——匕首三击是很科学的呀，这可是它超胜绝伦的战术，怎么样，惊讶吧！

蟋蟀被黄翅飞蝗泥蜂刺伤后，与象虫被节腹泥蜂蜇伤一样，蟋蟀和象虫从表面来看都像死亡了，其实还没有真正死掉，还活着。为了证实这一点，我曾经做过一个类似的实验，作为猎物的象虫在外皮还比较柔软的情况下，它内部的生命体征能够很明显地反映出来，所以我也没有必要再采取什么行动去证实了，结果不言而喻！

经过凶残的争斗后，如果我们连续7天或者更长时间观察一只仰面的蟋蟀，一般会有特别的发现：它的腹部经过一段时间后，依然搏动强烈，还常会看到它微微抖动的触须，彼此岔开又突然合拢的触角和腹肌也让我们更加相信它还有生命，还活着。假如把被刺伤的蟋蟀放在玻璃瓶中，甚至可以保鲜一个半月呢，惊奇吧！黄翅飞蝗泥蜂的幼虫生活不足半个月就会把自个密封在茧里，在此过程中，它们怎么生活呢？别忘了，被黄翅飞蝗泥蜂刺伤的猎物——蟋蟀可以被很好地保鲜呀，这样的猎物完全可以满足小幼虫吃鲜肉的需求，就不用担心了。

惊心动魄的捕猎工作完成了，每个蜂房储存了三四只蟋蟀作为粮食。蟋蟀们被放得整整齐齐，背部全部朝下，而脑袋则位于蜂房的尽头，脚放在洞口。每只猎物身上都有黄翅飞蝗泥蜂产下的一个卵。最后的工作就是封住洞口，

黄翅飞蝗泥蜂和蟋蟀相互对峙着，大战一触即发，
泥蜂的腹部高高翘起，因为紧张而搏动强烈。

它们把挖洞时堆积在洞口的沙土飞一般地一扫，扫入通道中。黄翅飞蝗泥蜂一般都是用它的前腿扒开残留的土堆，把个头大的沙砾仔细挑选出来，用它凶猛有力的大颚叼走，为什么叼走这些沙砾呢？原来黄翅飞蝗泥蜂把这些沙砾用以加固比较容易破碎的墙壁，防患于未然呀！不过，并不是每次都会幸运地找到合适的沙砾，如果附近没有合适的沙砾，它们会去其他地方寻找，而且它们挑选沙砾可用心了，一个一个地翻找，生怕错过什么漏网之鱼，那股子认真劲就如同在河边钓鱼的小猫钓鱼时一样。这个时候，植物的枯枝败叶、残枝断根都派上用场了，都可以用于封洞口。经过一番坚苦卓绝的工作之后，从地面上再也看不到洞口的痕迹了，这工作做得很到位吧？除非我们留心给它们的洞做一个明显的标识，才有可能比较容易地找到这个地下场所。完成了这一个洞的工程，它们会继续挖下一个洞，挖好洞穴之后，备足食物，储存在里面，然后把洞口牢牢封住，有多少个卵就挖多少个洞穴，产完卵以后，黄翅飞蝗泥蜂又开始了它快乐、无忧无虑的生活，可以到处游逛，心情也很放松，毕竟做了这么多工作，它觉得很充实，很有意义，这样的生活一直持续到初冬偏冷的时候，它的一生才算结束。

黄翅飞蝗泥蜂终于完成了它肩负的光荣使命，不过我还是对它的捕杀武器兴致勃勃，想看看黄翅飞蝗泥蜂制造毒汁的器官到底是怎样工作的，有什么特别的地方，细微的结构又是如何等，我很好奇，期待能够洞察这一切。

经过观察，我发现，黄翅飞蝗泥蜂用于制造毒汁的器官，是由两根管子组成的，这两根管子的特别之处在于，它们都分成了许多细枝，都插到一个共用的储存毒汁的仓库或者可以说是储存罐里，这个仓库或者储存罐外表放大看起来像是一个大大的雪梨，可不要有想吃的欲望呀！

从储存罐里伸出一条极为细小的管子，一直往前延伸，深入螯针的轴线中，通过这样的途径把制造出来的毒汁一直传输到螯针的末梢，和黄翅飞蝗泥蜂高大魁梧的身材一比，螯针纤细得简直微不足道，反过来，它蜇到蟋蟀时产生的巨大威力却让人震惊不已，不得不佩服得五体投地。

黄翅飞蝗泥蜂正在认真挑选疙瘩的沙石，它要用这些石头来加固洞穴的墙壁呢。

蜜蜂的螯针长着倒刺，但是黄翅飞蝗泥蜂的螯针特别光滑，这是什么原因呢？原来，蜜蜂的螯针主要是进行报复时才会用的，一般情况下不会轻易用。毕竟使用这项武器对它本身来讲也存在致命的风险：当螯针的倒刺刺进对手的身体之内，特别容易被伤口挂住而拔不出来，如果出现这样的情况，蜜蜂的腹部就会残缺不全了，那小命也就难保了。如果黄翅飞蝗泥蜂第一次捕猎时就因为使用自己的武器而一命呜呼了，那么这样的武器还有多大用处呢？一般情况下，它是为了给幼虫捕猎食物才会动用这项武器，用它来刺伤猎物，平常很少使用，就算带锯齿的螯针每次都能很快拔出来。不过话说回来，大概没有哪只黄翅飞蝗泥蜂乐意在螯针上长齿。对黄翅飞蝗泥蜂来讲，螯针不是特别值得炫耀的武器，在复仇时拔出这把匕首无疑给它的感觉很快意，可是为此付出的巨大代价却不容忽视，睚眦必报的蜜蜂为此也尝到了很多苦头，甚至为此丢掉生命。黄翅飞蝗泥蜂的螯针是一种劳动工具，一种工作器械，它关系着幼虫的生死存亡，关系着捕获猎物时胜算的概率大小。所以在捕获猎物时这种工具必须方便实用，一方面能够迅速刺杀猎物，另一方面又可以很快抽出，保住自己的生命，因此从这点来看，光滑的螯针比带着倒钩的螯针更具有优势，而且更方便躲避对手的反击。

　　黄翅飞蝗泥蜂能够以飞一般的速度把高大健壮的猎物狠狠打倒，我很好奇，所以我决定试试被它螯到到底会有多疼，告诉你，我试过了，其实它的针刺得一点也不疼，太出乎我的意料了，跟暴虐的蜜蜂和胡蜂的螯针相比，简直是小巫见大巫，黄翅飞蝗泥蜂使用它的匕首时，我并没有用镊子，只是用手大胆抓住它，为什么呢？这是因为后面的研究中我还要用它呢。我能够很自信地说，各种各样的大头泥蜂、节腹泥蜂，甚至还包括看一眼都会让人起鸡皮疙瘩的体型硕大的土蜂，螯得其实并不疼，对了，这里面还包括我可以观察到的膜翅目昆虫。但这其中不包括蛛蜂——蜘蛛的捕猎者，虽然它们的螯针螯起人来远远不如蜜蜂螯人厉害，但也不容忽视。

性情温和的膜翅目昆虫习惯先用螯针麻醉猎
物，而不是直接杀死它们。

　　最后需要强调的是，膜翅目昆虫的螯针是专门用于正当防卫的，以
胡蜂为例，当它遇到凶恶猖狂的侵入者时，它会不顾一切地冲上前去，给
对手以狠狠的打击，让对手付出惨重的代价。相反，对于膜翅目昆虫来说，
主要以螯针为狩猎工具，它们的脾气很温和，看样子它们似乎意识到了自
己体内的毒汁对于子孙后代的重要性，这是它们用于保护家族的工具，生
存下去的必要手段，因此只有在特别的狩猎情况下，它们才会小心翼翼地
使用，并不是像蜜蜂那样不顾一切地用于报复，展示自己敢于复仇的勇气。
我遇到过很多种黄翅飞蝗泥蜂的部族，我让它们无家可归，甚至掠夺它们
的子女和食物，但在此过程中我从来没被蜇过。只有黄翅飞蝗泥蜂被我抓
住时才迫不得已使用它的那把匕首，不过如果我不把手指或者其他东西伸
进它的螯针下面，它都不一定会用它的匕首刺入皮中。

卵和幼虫

　　黄翅飞蝗泥蜂所产的卵宽三四毫米，看上去像个带点儿弯弧的白色圆柱体。它们总是把卵产在猎物身上，并且十分讲究，一定要找到最适的位置——蟋蟀的胸膛上，也就是它们第一、二对脚之间，稍微靠边的地方。朗格多克飞蝗泥蜂和白边飞蝗泥蜂产卵的位置大致相同，根据我的观察了解，它们的产卵位置还没怎么变化过，看来这样的位置对保护幼虫特别重要。

　　产下的卵没过几天就从一层极为细薄的膜中孵出了娇嫩的小虫，它全身犹如水晶一般透明，前面细后面鼓，从前到后渐渐变粗；身体两边都有一条主要由支气管构成的小白细带，这个柔弱的小生命横躺着，头看起来被放在卵前端被固定的位置上，身体剩余部分只是依偎着猎物。透过它透明的身体，我们就可以发现它的消化道那很有规律的起伏蠕动，一波一波的，从身体中间向前后蔓延着，这小虫正贪婪地吸取着猎物的汁液呢！

　　呵呵，让我们仔细观察这个不同寻常的场面吧。黄翅飞蝗泥蜂的蜂房里储存着三四只一动不动的蟋蟀，而朗格多克飞蝗泥蜂的蜂房里只有一只健壮硕大的距螽。一旦幼虫脱离吸取汁液的部位，便会一命呜呼，它那么弱小，怎么可能保护自己呢？这个庞然大物一旦有轻微的举动，就会把从身上吸取汁液的幼虫抖落，可它一点儿反应也没有。的确，捕猎者用螫针刺伤麻醉了它，但还有些部位有轻微的感觉，例如微微颤动的腹部、一张一合的大颚等。如果幼虫咬到这些猎物的敏感部位或者要害，它便会不由自主产生轻微的抖动，这些轻微的抖动足以抖落弱小的幼虫，它们可就有生命危险了。

　　猎物被黄翅飞蝗泥蜂螫过的胸部最为安全，通过实验得知，即使用针尖随意扎洞、刺探这一部位，猎物本身也不会有丝毫的疼痛感。为了保

朗格多克飞蝗泥蜂的蜂房里储藏着一只
健壮硕大的距螽

护幼虫，黄翅飞蝗泥蜂只能把卵产在这里，幼虫也在这里吮吸猎物汁液。随着时间的推移，幼虫啃噬的地方越来越大，当猎物感觉出来，想要反抗时为时已晚，因此卵总是固定产在被螫针刺伤的胸膛上，不过是在胸侧靠近腿根的地方，因为那里的皮非常细滑。你瞧，母蜂多么明智，考虑得多么细致入微呀，在漆黑的环境下，它一下子就找到了最合适的产卵位置。

以前我喂养过一只黄翅飞蝗泥蜂的幼虫，从蜂房拿来蟋蟀不间断地喂给它，看着它慢慢长大。就像前面所说的那样，刚出生的幼虫在猎物被刺伤的第一、二对腿之间的位置开始吮吸汁液，不久猎物的胸膛上就被挖了一个大洞。而此时蟋蟀才意识到疼痛，可是已经晚了，它做着徒劳的无用功，甚至某只脚会轻微地抖动，可是它的心脏已被挖空，对蟋蟀来讲，这是多么悲哀的一件事呀！

过了几天，幼虫把它的第一只猎物吃得只剩皮包骨头，长到了 12 毫米左右，很轻松地蜕了一层皮，从蟋蟀胸腔上的洞里爬出来，开始了啃噬它的第二只猎物。现在，幼虫慢慢长大，也不再把蟋蟀微弱的反抗放在眼里，蟋蟀渐渐也不再做无力的呻吟。幼虫开始肆无忌惮地进攻，一般从肉汁鲜嫩的肚子开始，接着是吃第三只、第四只，尤其是第四只，只用 12 个小时就吃没了，能吃的都吃了，最后只剩了几张咬不动的有很多零碎小洞的外皮。到了该排泄的时候了，它再也吃不下什么东西了，毕竟体内已经有四只蟋蟀了，肚皮撑得快要爆炸了。

这时，再新鲜的食物也撩不起它的食欲了，它想给自己建造新窝了。从出生到现在，幼虫吃了十多天的食物，长到了 15 毫米到 30 毫米长，宽度甚至达到五六毫米。幼虫的身体形状大多由细渐宽，这是多数膜翅目幼虫的共同形状。算上头部的话，幼虫的身体共有 14 节，节段有气门，中间有个小小的头，头上有着看似柔弱的大颚，让人真有点不敢相信，它是怎样啃噬猎物的。它披着白底泛黄的外衣，上面布满白垩般的白点。

正如前面所说的那样，幼虫啃噬猎物是从汁液丰富、肉质鲜嫩的肚子起步的，吃完腹部内脏后，再吃其他部位，不过刚出生的小虫娇嫩、柔弱，也没那么多选择，只能从母亲产卵处的胸部开始吃，虽然此处不够柔软，但绝对安全，因为此处被母蜂蜇过，已经没有任何活力了。猎物的其他部位不可避免会有一些不经意的抽动，很容易甩掉幼虫。猎物的后腿长着锯齿，大颚还会咬人，一旦幼虫被甩掉，小命就难保了。母蜂细致入微，选择产卵地点时首先考虑的是安全问题，而不是幼虫的胃口。不过，对此我还有点纳闷。幼虫的第一个猎物，也就是幼虫出生所在的那个蟋蟀，对于幼虫来说更为危险。因为此时的幼虫柔弱，而猎物还奄奄一息，有生命力。因此，第一只猎物应当麻醉得更彻底些，母蜂刺它 3 下无可厚非，但其他猎物随着时间溜走生命力越来越弱，而幼虫却越长越大，为什么也要刺 3 下呢？从幼虫开始吃第一只猎物起，猎物受麻醉的程度也越来越深，这是出于什么原因呢？毒液对于膜翅目昆虫来讲特别贵重，等于它们捕猎的手榴弹，应该合理利用呀！偶尔我也看到过它们对同一猎物刺了两下，但黄翅飞蝗泥蜂腹部的螫针抖动着，好像还在寻找合适的位置刺第 3 下，但最后到底刺了没有，我就真不知道了。不过，我个人更愿意相信它们懂

母蜂正在细心地挑选产卵的地点，它首先要考虑的是小宝宝的安全问题。

得节约，只刺第一只猎物 3 针。下一章中我们将谈谈我所观察到的捕捉毛虫的砂泥蜂，相信我的观察所得对证明上面这个问题有所帮助。

　　吃完最后的食物后，幼虫就要开始足足 48 小时的织茧工作了，此后，它将自己密封在织好的茧这个坚固的隐蔽所内，经历生命中必不可少的 10 个月，最后才会破茧而出。它的茧特别复杂，外面覆盖着一层粗糙的网状物，这个复杂的三层网状物相当于一个连环套，非常安全。下面，让我们一起来瞧瞧这个丝质茧的结构吧！

　　茧的最外层是如蜘蛛网一样的网格粗纱，幼虫把自己关在里面，是为了更舒服地织造真正意义上的网。最外层的这个网是幼虫着急赶制的脚手架，由随便抛出来的丝编成，还掺杂着土块、沙粒及吃剩猎物的残缺部位，看上去破破烂烂的；再往里的一层是封套，应该算是真正意义上的第一层茧，由细润柔滑的淡棕色毡状膜构成，有着不规则的褶皱。将脚手架和封套连接在一起的丝线也是随便抛出的，并不规则。整个封套就像一个

四周密封的圆柱形包裹，由于里面装着的东西太少，而这个封套又确实很大，难免就出现了褶皱。

与这一层挨着的是一个塑料盒子一般的物体，个头比包在外面的一层小，近似圆柱体，上面部分是圆的，里面有幼虫的头；下面部分则是钝锥形的。这个淡红棕色的盒子，下面锥体部分的颜色要更深些。这个盒子表面瞧着坚硬，其实很容易裂开，除了锥极部分还算硬实，用手指按不破，或许里面有硬东西吧。打开这盒子就可以看到，它是由外层丝毡和内层柔软易碎的材质组成的，这两层虽然紧贴，却能够分开；内层也可称为茧的第三层，如同一种深紫棕色的发光涂料，用放大镜可以观察到，它是一种来源不同寻常的特殊的清漆涂料。茧的锥极坚硬是紫黑色塞子起的作用，这种塞子闪烁发光，点缀着许多黑点，其实它是由幼虫整个蛹期内一次性排泄的极易破碎的粪便干团做成的，所以茧的锥极颜色深。

现在我们回头研究一下茧的第三层涂抹着的紫色清漆。一开始我觉得清漆是由丝腺产生的，为此还对没有开始涂漆的幼虫进行了解剖，但在幼虫的丝腺中，我根本没有找到一点紫色液体的痕迹。其实这种颜色只存在于幼虫的消化道里，这里充满着红色的精髓，在茧的粪便塞上我们也会见到这种颜色。而且我还惊奇地发现，幼虫竟然是用自己的粪便来涂刷虫茧的！至于这些红色的精髓，我认为它是由幼虫嘴里排出，从消化道产生的"粉刷浆"，但这些都只是猜测，我错过了好几次证实这个问题的机会。幼虫只在最后一道工序结束后才排出粪便，我想这大概就是原因所在吧。

不管怎么样，清漆层完全不透水，能够起到保护幼虫不受潮湿的效果，毕竟母蜂为它挖的洞可是很潮湿的。幼虫被埋在沙土底下不深的地方，我把茧放在水中好几天，而它内部竟然一点也没湿，这足以证实了涂着清漆的茧的抗潮力。黄翅飞蝗泥蜂的茧布置得十分精妙、层次特别，能很好地保护幼虫。相反，节腹泥蜂的茧埋在半米深、干燥的砂岩层隐蔽所下，如同一个被切掉纤细上端的梨，只留下一个纤薄、细腻丝质的外套，透过外套甚至可以看到里面的幼虫。通过我的昆虫学观察经验，我发现幼虫与母

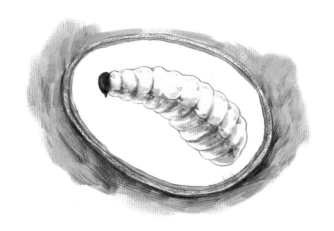

幼虫宝宝在织茧时，居然用自己的粪便残余物来粉刷墙壁，简直太不可思议了！

亲的本领是相互补充的。假如洞穴遮挡隐蔽、安排很妥当，茧就用质地轻盈的材料制造而成；假如洞很浅，容易受侵蚀，茧就建造得非常坚固。

茧内的那些我不得而知的秘密工作要经过 9 个月，我只能越过此阶段，耐心等待着成蛹破茧而出，于是我从九月末一直等到第二年的七月初。这时，处于过渡期的幼虫蛹刚蜕掉褪色的皮，正静静等待着一个月后的苏醒。它那晶莹剔透的腿、触角、嘴和还没长成的翅膀在胸部和腹部下有规则地摊开，身体的其他部位变成了夹杂着淡黄色的乳白色；腹部中间的四个节段，每段边缘都有狭窄而圆钝的伸出部分；最后一节的尾部有如同圆圆的扇面的膨胀叠片，下面长着两个并排的锥形乳突，这一切共同组成了分布在幼虫腹部周围的附属器官。这就是柔弱虫的特点，为了蜕变成黄翅飞蝗泥蜂，它必须穿着黑红相间的外套，再把身上的薄皮全部蜕掉。

我期待着蛹破茧而出的日子，想要观察它的颜色，并对它进行实验，看看色彩丰富的阳光是否会影响它的变化。我取出一些蛹放入玻璃瓶，将它们分成两组，一组处于昏暗情况下，一组则放在阳光充足的墙壁下。虽然环境不同，但蛹的颜色变化基本相同。与植物的情况相反，它们的颜色变化并不受阳光的影响。缤纷多彩的昆虫，它们美妙的颜色是在深黑的地下或者在被虫蛀的百年老树的树干深处调制出来的，而不是借助于阳光生成的。

眼睛是幼虫发生颜色变化的第一个部位，先是出现一个带颜色的线条，接着角质的复眼由白色变为淡黄褐色，再变为深灰色，最后变为黑色；随之发生改变的是前额顶部的单眼的颜色。但这时蛹身其余部位还是原来的白色。需要说明的是，动物的眼睛往往是最先成熟的敏感器官。不久后，幼虫中胸、后胸之间的沟里出现了一道烟黑色，整个中胸的背部 24 小时后都变成了黑色。同时，它们的前胸逐渐模糊，后胸上部中央有了一个黑点，大颚成了铁色，胸部两端的胸节颜色逐渐加深，蔓延到头部和臀部。只要经过一天，幼虫头部和胸部两端的胸节就会从烟黑色变为深黑色，腹部颜色也随之迅速变化，前部腹节边缘变成金黄，后部腹节增添了一道灰黑色的边。这时，幼虫触角和腿的颜色也逐渐变深，最后变成了黑色，腹底全变成了橘红色。这时，除了棕红色的透明跗节、嘴和还没长丰满的灰黑色翅膀外，幼虫其他部位的颜色已经基本变化成形了。再过一天，蛹就要完全解放了。

　　蛹的颜色再过大约一周就基本定型了，眼睛颜色早在半个月以前就开始变化了。通过上面这些内容，我们基本了解了蛹的颜色变化规律。我们知道，它们除了单眼和复眼如同高级动物一样提早完成变色外，其他部位的颜色都是从胸部开始的，扩散至周围，先是延伸到胸部其他部位，其次是头部、腹部，最后到达附属器官、触角和腿。蛹的嘴、跗节变色较晚，翅膀直到出匣子才开始变颜色。

　　现在，黄翅飞蝗泥蜂梳妆打扮完毕，只等破茧而出了。它披着一件精美紧身的薄膜，身体的每个构造、每个细节都明显地凸显了出来，包括成虫的形状和颜色。完成最后的蜕变时，黄翅飞蝗泥蜂忽然从睡梦中苏醒过来，乱动乱跳，似乎要舒展那沉睡已久的生命活力。它的腹部做着伸缩运动，腿也伸开又弯曲，似乎要伸展每个关节。它用头和腹尖支撑身体，肚子朝上，多次用力抖动，试图把颈关节以及连接腹部与胸部的腿关节撑开。功夫不负有心的昆虫，它胜利了！这层紧身衣似的薄膜在身体剧烈活动涉及的地方都破裂开来。

它身上包裹的外衣破碎成了许多不规则的碎片，最完整的是曾经包裹翅膀的外套，每条腿都有相应的罩子，底部都受到了不同程度的破坏。最大的外衣碎片在腹部一缩一伸的交替活动下被脱掉了，同样地，外衣缓慢被蜕到了尾部，松松垮垮地挂在腹部下面，随时可能脱落。沉睡在茧中的幼虫会在某个清晨或午后，穿过沙土来到阳光之下，重新见到美好的阳光。陌生的阳光并没有干扰它愉快的心情，陶醉在阳光之下的它，像爱干净的小猫似的，梳理着触角和翅膀，用腿抚摩着腹部。它用前跗节蘸着口水洗了洗眼睛，待梳洗完毕后，便手舞足蹈地飞走了，去尽情享受自己两个月之久的生命。

一只美丽的黄翅飞蝗泥蜂从一个铺着一层沙的笔盒里孵化出来了，我见证了整个过程。以后我会亲自喂养它长大，并关注它成长的每一个细节。有时我会从梦中突然醒来，生怕错过蛹破茧而出和翅膀从匣子里伸展开来的宝贵时刻。我从这里学会了许多东西，看到它们自我摸索的成长道路，从中收获了喜悦和惊喜。自由地飞吧，在灿烂的阳光下，去寻找自己的自由空间。一定要小心狡猾的螳螂、虎视眈眈的蜥蜴，祝你们一路平安，亲爱的小昆虫，去挖洞、捕获猎物、繁衍子孙后代吧。

在铺着细沙的纸盒中，一只美丽的黄翅飞蝗泥蜂破茧而出了！

第五章

朗格多克飞蝗泥蜂

昆虫档案

昆 虫 名：泥蜂

身世背景：全世界各地都有分布，热带和亚热
带地区的泥蜂种类和数量都比较多

生活习性：常常生活在沙地或花园中，偏爱干
燥而僻静的场所

喜　　好：都以直翅目昆虫为食，不喜欢过群
居的生活

绝　　技：具有高超的麻醉术

武　　器：螫针

 ## 怪异的偏爱

飞蝗泥蜂分很多种,法国大多数种类都没有。据我了解,在法国这种昆虫只有三种,全都生活在阳光充沛炎热的地带。这三种就是黄翅飞蝗泥蜂、白边飞蝗泥蜂和朗格多克飞蝗泥蜂。我还发现了一件有意思的事情,这三种昆虫给幼虫选择的食物都是直翅目昆虫,它们选择的食物分别是蟋蟀、蝗虫和距螽。这三种猎物外表看起来差异不小,要发现三者的共同之处,至少要有像飞蝗泥蜂那样专业的眼光。蟋蟀、蝗虫和距螽三者比起来,蟋蟀全身乌黑,头圆而大,短小健壮,后侧大腿上有着一条红色丝带状的物体;蝗虫呈淡灰色,头是锥形的,很娇小,后腿长而善于跳跃,还可借助翅膀飞行;距螽的背上有两个蚌壳状的、能发出刺耳声音的凹形铙钹,奶黄色、嫩绿色相间的肚子很是肥大。通过对比我们可以看出,不同的飞蝗泥蜂选择的食物各不相同,但它们的食物同属于同一动物学的类别范畴,但这是非专业人士发现不了的。

这种偏爱相当怪异,不知国外另一些飞蝗泥蜂是否也捕捉同一类食物,如果能有机会探讨一下,那会多么有趣呀。可这方面的资料实在太欠缺了,甚至很多同类昆虫的材料也十分稀少。出现此种情况,归根到底还是由于人们对于昆虫的研究尚很浅薄,只注重轮廓,而缺乏对细节的追踪,对我而言,只有清晰了解昆虫的本能、习性和生活方式等,才算真正认识这种昆虫。这就需要真正实地的观察,而不是把它们作为标本当摆设。

这个话题暂且停一下,让我们先来了解一下国外关于飞蝗泥蜂狩猎对象等信息的资料吧!从拉普勒蒂埃·德·圣法古的《膜翅目昆虫史》里面,我了解到黄翅飞蝗泥蜂和白边飞蝗泥蜂在地中海以外的地方仍保留着它们在法国的生活习性。无论处于长着棕榈树的地方还是长着橄榄树的地方,它们的捕捉对象都没有改变,都是直翅目昆虫。从书上我还看到了有

关非洲飞蝗泥蜂的记载，它属于第四种飞蝗泥蜂，猎物是蝗虫。还有一种飞蝗泥蜂出没在里海附近的草原上，也以蝗虫为猎物。由此可知，有五种不同的飞蝗泥蜂生活在地中海附近，它们的猎物同样都是直翅目昆虫。

现在呢，就让我们走得更远一些，越过赤道，到地球另一半的毛里求斯和留尼旺群岛去瞧一瞧。在那里，我们可以看到另一种与飞蝗泥蜂样子十分相似的膜翅目昆虫——克罗翁，它的猎物是糟蹋粮食的害虫——卡凯拉克。卡凯拉克就是蜚蠊属昆虫，它们臭名远扬，这里的居民经常被它们骚扰。它们的活动时间常常是在夜里，是一种非常令人讨厌的昆虫。但对于克罗翁来说，它们可是相当可口的美味。原因是什么呢？很简单，它们也是一种直翅目昆虫。通过所知道的这些来历不同的虫子，我得出一个

这只黄翅飞蝗泥蜂好像对树叶上的猎物不感兴趣，它沮丧地飞走了。

结论：所有的飞蝗泥蜂都捕猎直翅目昆虫。从中我们也可以知道，大多数飞蝗泥蜂的幼虫以什么为食。

到底是什么原因令它们做出如此奇特的选择呢？它们又是如何决定在这里以一身臭气的卡凯拉克为食，在别的地方以干燥但可口的蝗虫为食，而在另一些地方又以肥美的蟋蟀或距螽为食呢？

对于这个问题我无法做出解答，没办法，只好请别人去解决这个问题了。但我们也不是全无所获，我们可以发现，直翅目昆虫的情况与哺乳动物的反刍类很像，它们数量巨大，性格同样的温顺，同样是捕猎者的主菜。但反刍类昆虫是否只有这一种选择呢？我只能猜测结果可能是这样。

我有了一个关于另一个重要问题的确切想法。以直翅目昆虫为食的消费者们，它们的饮食习惯是一成不变的吗？假如掠夺者最喜欢的食物没有了，它们会不会换另一种口味呢？这时，朗格多克飞蝗泥蜂是否还是只对距螽恋恋不舍呢？摆在黄翅飞蝗泥蜂餐桌上的还只能是蟋蟀，而摆在白边飞蝗泥蜂餐桌上的也只能是蝗虫吗？它们会不会因为外界的变化而选择别的食物代替原来的美味呢？如果能亲眼看到这样的情况，那是多么一件幸福的事情啊！这些具体情况会告诉我们，狩猎者是否可以自由选择食物……扩大飞蝗泥蜂的狩猎范围这个假设也并不适用。因为它们只对固定的一种猎物情有独钟，每种飞蝗泥蜂都有专属的一种猎物。我比较幸运，发现了一个幼虫食物发生改变的事例，仅有一次，我将它记录在案，希望将来能充分发挥它的价值。

这个故事发生在罗讷河畔的一个防波堤上。在防波堤一侧树木间的沙石小路上，我发现了一只拖着蝗虫的黄翅飞蝗泥蜂！可这是以蟋蟀为食物的膜翅目昆虫——黄翅飞蝗泥蜂！我简直难以置信，它竟然把战利品整齐地堆放在洞穴里。我决定在此仔细观察，顺便看运气是否足够好，能得到一些新奇的发现。可是事情并没有那么顺利，两个光头新兵的军靴正好踩中了飞蝗泥蜂的洞穴，破坏了这一切，我的心情跌入了谷底。等两个新兵走后，我重新回到了飞蝗泥蜂的位置，在它的洞穴里找到了被踩瘪的

堤坝上，一只黄翅飞蝗泥蜂居然拖着一只蝗虫！要
知道，它可是以蟋蟀为食的。

飞蝗泥蜂，同时还发现了另外两只蝗虫。是什么原因导致了这种异乎寻
常的改变呢？是因为洞穴附近没有蟋蟀，不得已只能以蝗虫来代替？我
想并不是如此，没有办法用事实来证明这里没有它们喜欢的食物。也许
以后会有比我幸运的人能解决这个问题。不管出于什么原因，但我们至少
可以证明一点，它们偶尔也会用另一种猎物——蝗虫来代替它最喜爱的蟋
蟀。虽然这两种猎物的外表差异很大，但它们同属于直翅目昆虫。

　　拉普勒蒂埃·德·圣法也曾在奥朗日郊区发现过类似的情况，还对
此做了简单的介绍。他也是在无意中发现这种情况的，这是否与我发现
的情况一样，同属于一种偶然行为呢？我不晓得这是例外还是有规律可
循的！但还有一个关键是必须指出的，是不是因为奥朗日乡下没有蟋蟀，
所以膜翅目昆虫要用蝗虫来代替呢？遗憾的是，我无法获得这个问题的
答案。

　　我觉得在这种情况下，我有必要引用拉科代尔的《昆虫学导论》中

一段话来加以解释。这段话讲述的是，达尔文曾经为了证明人和动物行动一样受到智能原则的支配，专门写了一本书，书中记载着这样一件事：在一个小花园里，一只飞蝗泥蜂捕获了一只个头与它相仿的蝇。但它只带走了蝇连着翅膀的胸部这一块，不过正好风向不好，它只得把蝇的一只翅膀咬断，来消除飞行的隐患。从这里我们可以看出，这事实含有推理的成分。这只飞蝗泥蜂还是受到了本能的支配，才做了同类昆虫都会做的事情，只是食物变了而已。除去本能的支配这一点，我们无法解释这其中的一切。

上面这个例子中，这只英国飞蝗泥蜂(假设英国确实有飞蝗泥蜂的话)怎么会是如此特立独行，与它同胞的口味完全不同？就算苍蝇确实是飞蝗泥蜂的猎物，可后面的事情又该怎么解释呢？膜翅目掠夺者所提供给它们幼虫的食物是一只被麻醉了的猎物，而一块死肉对幼虫没有任何意义，况且孵化马上就要开始了。所以达尔文所看到的，并不是真正的飞蝗泥蜂。那这种昆虫到底是什么呢？

上面提到的猎物为蝇，而蝇种类繁多，因此我们无法确认它是哪一种！同样，飞蝗泥蜂也许用在了许多不确定的地方。在那个时代，达尔文是这个学术领域里的佼佼者，而当时对飞蝗泥蜂的定义也比较笼统，既包含严格意义上的飞蝗泥蜂，也指方头泥蜂科昆虫。但达尔文所说的飞蝗泥蜂是一种方头泥蜂吗？也不是，因为掠夺者在卵的孵化和幼虫完全发育的半个月或三个星期中，要求它们的猎物保持新鲜、一动不动的半活状态。这是我发现的从未有过任何例外的一条规律。因此，我们甚至不能从飞蝗泥蜂这个词原来的意义上去理解它。

由此看来，上面那本书中所说的准确性还有待考证。让我们继续猜测谜底吧。从外表看，方头泥蜂很多地方与胡蜂极为相似，不是专业人士是无法分辨的。对于没有专门研究过此类问题的人来说，方头泥蜂与胡蜂同属一类。会不会达尔文以一种高高在上的态度看待上面这个事情，认为这是一件微不足道的事情，因此犯了一个虽然情有可原，却与事实完全相

树干上趴着两只飞蝗泥蜂，它们的头方方的，常常被人们误解成方头泥蜂。

悖的错误，即把胡蜂与飞蝗泥蜂弄混淆了？我几乎就要认为这就是事情的真相了，下面我就来说说自己的理由。

胡蜂经常以某种昆虫为食物来喂养它的幼虫，它每天分很多次给它的幼虫喂食，就如母鸟喂雏鸟一样。雌胡蜂会把昆虫咀嚼成细酱之后才给幼虫喂食，普通的蝇正好是这些小家伙的最爱。运气好的话，胡蜂还能给孩子带回来新鲜的肉类。我们都看到过，胡蜂胆大包天地从肉摊上、厨房里叼起一块合意的肉迅速飞走，带给它亲爱的宝贝幼虫。胡蜂还会趁着苍蝇不注意时捉住它们，这也是幼虫的美食。胡蜂得到美食之后，可能就地处理它们，也可能在路上处理它们，有时要将它们带到窝里进行肢解。胡蜂将苍蝇没有价值或者价值不高的部分抛弃后，把剩下的有营养的部分做成一盘美味的羹，喂给自己的幼虫。我曾做过这样一个实验，用苍蝇酱来代替羹喂我饲养的昆虫幼虫。在我喂养的整个过程中我都十分耐心，做得也很精细，这也是一切顺利的最主要原因之一。

第五章
朗格多克飞蝗泥蜂

经过相当长一段时间的观察后，我终于可以解开这个难解的谜题了。十月初，我书房门口盛开的紫筱花吸引了很多蜜蜂和尾蛆蝇，它们那低沉的嗡嗡声听上去妙极了。

这种嗡嗡声令昆虫学家看到了研究的希望，或者能够从这些飞舞的昆虫身上获得一些不一样的收获。而我是近水楼台先得月，观察起来十分顺利。阴雨天到来前夕，正是观察膜翅目昆虫工作的最佳时机，它们能够很好把握风雨到来的时机，争分夺秒地为自己工作着。这时，尾蛆蝇在花丛中飞过来飞过去，蜜蜂则更加积极地采着蜜。有时，会突然出现一批掠夺成性的胡蜂，它们是来捕猎的。

朗格多克飞蝗泥蜂挖洞时都是独自一人，时而待在古墙下被滚石砸落的灰沙堆里，时而待在砂岩形成的隐蔽所里，单眼蜥蜴正打算通过这个隐蔽所侵入它的巢穴。在阳光的照射下，这里像烘箱一样闷热。因为土地是由拱顶脱落的古老灰尘形成的，所以很容易被挖掘开来。飞蝗泥蜂飞得很慢，它并不打算做长途飞行，我们用眼睛就可以追寻到它的身影。它是在寻觅什么吗？原来，它终于重新找到了那只处于半麻醉状态的距螽。这一定是前不久被朗格多克飞蝗泥蜂刺了几下的那个猎物。它先把猎物麻醉，接着去寻找称心如意的挖洞点。等住所挖好后，它再返回去把猎物拖回来。

在搬运猎物的途中，飞蝗泥蜂有时能一口气把猎物拖回家，更多的时候则是把猎物拖到半路扔下，然后独自飞快地跑回家。它为什么这么做呢？可能是洞穴有一些缺陷吧。果然，我们发现它正在修缮自己的房子。修缮完成后，它再回去拖食物，没走几步，又跑回它的房子，再一次对房子做一次检查，不过这种反复的检查倒是耽搁不了它多长时间。这一次我也无法确定它能否走完全程！我曾见过两只比它更多疑的飞蝗泥蜂，一路上来来回回跑了五六次。同样，也有的飞蝗泥蜂一次就把食物运回洞穴里去。而在膜翅目昆虫跑回去修缮住所的时候，它会频频回头来看看距螽，看看是否有谁去招惹它。这让我想起了谨小慎微的圣甲虫，圣甲虫会不

一只朗格多克飞蝗泥蜂正独自忘情地挖
着洞穴，丝毫没有注意到身后蠢蠢欲动
的入侵者——单眼蜥蜴。

时地从它尚未完成的洞穴里爬出来，每出来一次都把粪球推得离自己更近
一些。

　　通过上面的内容，我们可以得到一个结论：每一只朗格多克飞蝗泥蜂，
不管是在刚开始挖掘时，还是在清洁、清扫尘土时，都会不时地观察那只
已被蜇刺到麻醉状态的猎物。综合上面的信息，我们可以确切地得出一个
结论：膜翅目昆虫首先是一个猎手，之后才是一名挖掘工；捕获猎物的地
点决定了它建造住所的地点。以往我们所见到的昆虫都是先建食物橱，之
后再去捕食，而现在，这种昆虫正好相反。我个人认为，这可能是因为猎
物实在太重了，它无法带着猎物飞得太远。这并不能说明飞蝗泥蜂的身体
结构不利于飞行，而事实恰恰相反，它是飞行能手。但它只依靠翅膀的力
量来飞行，所以无法带着猎物一起飞。因此，在完成搬运工作时，它必须
借助土地的支撑作用。我们先来看看一只突然冒出的飞蝗泥蜂。

　　这只飞蝗泥蜂拖着一个距螽，当务之急就是要挖一个窝。它把窝选

朗格多克飞蝗泥蜂

在一条人来人往、被踩得硬如坚石的路上。飞蝗泥蜂必须尽快把猎物储存起来，所以它需要找一个容易挖掘的地点。现在，这只飞蝗泥蜂停在了乡村的一间房屋脚下。它把猎物放在房屋脚下，飞到屋顶上，然后随意地东瞧瞧、西看看，不一会儿就看中了一块瓦片的弯曲处。选好地点之后，它就立刻开始动工了。不到十五分钟，它就把住所建好了。接下来它要做的就是把距螽搬到住所里去。它会带着猎物飞回住所里去吗？当然不会。它选择了攀登那面被泥瓦匠的镘刀抹得光滑的、高高的垂直墙壁。我以为这很难进行，但我的所见很快就推翻了我的这一想法。虽然背着重物攀爬很不方便，但飞蝗泥蜂借助一点点凹凸不平的灰浆作为支撑点，在垂直的墙面上爬行，犹如在平地上一样潇洒自如。最终，它顺利地爬到了屋脊，但

墙壁下的地上停着一只飞蝗泥蜂，它小心地安放着自己的猎物，打算在这附近为小宝宝建个居所。

猎物放的位置不对，没有被放稳，所以很快就滑落下去了。因此它不得不重新开始，采取同样的方法，可是猎物又一次滑落了下来。虽然意外多次发生，但飞蝗泥蜂毫不灰心，一次次把猎物放上去，直到最终成功地将猎物放入窝里，这才满意地停下来。

在这样的情况下，膜翅目昆虫没有尝试通过飞行把猎物搬得更高一些，它知道背着重物无法飞得很远。这些情况促使它们形成了一些特殊的生活习惯，比如黄翅飞蝗泥蜂是半群居的昆虫，朗格多克飞蝗泥蜂则成了离群索居者，它们根本不觉得与同类相邻而居有什么好处。

卓越的本能技术

朗格多克飞蝗泥蜂具有高超的手术技艺，事实上，不单单是它，所有膜翅目昆虫的毒针威力都非同寻常。令人遗憾的是，我从来没有亲眼见过朗格多克飞蝗泥蜂的捕猎举动。

而观察黄翅飞蝗泥蜂可以事先做好一切准备，只要找到黄翅飞蝗泥蜂的聚集地，就可以做很多次捕杀猎物的实验。再来看朗格多克飞蝗泥蜂，因为生活习性的原因，我们基本没法事先做什么准备。当你刻意去寻找它的时候，它会消失得无影无踪；当你偶然遇见它的时候，它总是闲着的，无法给人更多信息。或许某个不经意的瞬间，你能发现它拖着猎物匆匆而过的身影，但这对观察来说毫无用处。

当幸运来敲门时，我们要做的就是用最短的时间准备好一只距螽，用替换物的方法来探知它使用螯针的秘密。感谢上天的眷顾，我幸运地得到了一只距螽。膜翅目昆虫拖着它的猎物离窝还有一段距离。我试图用镊子把它的猎物夺下来，但是飞蝗泥蜂始终不肯放弃，无奈之下，我只好把距螽的触角剪断。飞蝗泥蜂刚开始还没发现，可没走几步它突然停了下来，因为重量突然变得很轻了。然后飞蝗泥蜂转身，犹豫地来到被替代的距螽

朗格多克飞蝗泥蜂

瞧，土地上的一个洞口处不断有沙石被抛出，里面一定有一只正在挖洞的膜翅目昆虫。

面前，谨慎地盯着那只替代品。而我为了刺激它，做了一件愚蠢的事情，我出现在了它的面前，并且我还自以为是地认为它的胆子很大，但事情恰恰相反。飞蝗泥蜂不但没有去动我丢给它的猎物，到最后还灰溜溜地飞走了，而我的实验也就半途而废了。

直到后来，我才明白了我为什么会失败。飞蝗泥蜂喜欢的是装着满肚子丰富美味卵的雌距螽，而我捕捉到的是一只雄距螽。膜翅目昆虫的眼光在分辨食物时是相当敏锐、犀利的，能从外表上区分距螽的性别，知道雌距螽的肚尖上带着刀。那只飞蝗泥蜂在看到我替换的猎物时，脑子里一定在想，肚子上的刀怎么消失了？这是为什么？

膜翅目昆虫一般先挖洞穴后捕捉猎物。这时候，猎物除了无法站立外，其他一切生命特征都还正常，生命力还很旺盛。由此我们能够看出，猎物受到的麻醉完全是局部的，只是影响了腿部的正常活动。科学调查研究指出，这是由昆虫的某种神经的特殊性决定的。不过我还不太懂，膜翅目昆

虫究竟是怎样下手蜇伤猎物的。

但猎物不管怎么折腾，都不会对食用它的幼虫构成任何危害。以前我曾特意观察过朗格多克泥蜂的猎物，它就像是被刚刚局部麻醉过的样子，而朗格多克泥蜂的幼虫却可以安全无忧地啃咬着它。幼虫的母亲实在是太会选择产卵的位置了。在前面我们已经了解到，黄翅飞蝗泥蜂把卵产在蟋蟀第一对腿和第二对腿之间，白边飞蝗泥蜂也差不多是这样做的，朗格多克泥蜂的选择则稍微靠后一点。从这里我们可以看出，上面这三种飞蝗泥蜂都具有高超的本领，知道产卵点在哪个位置是最安全的，它们为了自己的儿女可是煞费苦心。

就让我们再来看看作为食物的距螽悲惨的命运吧。它们徒劳地在飞蝗泥蜂的洞里翻滚、挣扎着，而它所做的努力对于小幼虫来说毫无威胁。除非距螽可以移动、翻身、站立，而这又是不可能实现的，所以它们只好被当作美食吃光了。

如果幼虫身边同时有好几个猎物，并且猎物又被麻醉得不够深，那倒确实存在危险。但待在猎物身上的幼虫是不会受到作为它载体的猎物的攻击的，但是对于别的猎物，幼虫就要格外小心了。为了防止这种情况发生，黄翅飞蝗泥蜂同时把三四只蟋蟀堆在同一间蜂巢里，使猎物在窝里无法动弹。至于朗格多克飞蝗泥蜂为什么只在洞里放一个猎物，我暂时还没法解释！

处于半麻醉状态的猎物对幼虫来说是没有危险的，但它们会不会威胁到捕猎者呢？假如说在搬运过程中，猎物的跗节还可以勉强使用，抓住路上的草茎，从而严重阻碍搬运的进行，捕猎者就得放弃猎物，那简直就是天大的笑话。在搬运过程中，掠夺者会躲开距螽的大颚，使距螽的大颚丝毫派不上用场！可万一它打个盹，一个不小心被距螽的钳子碰到，绝对会吃不了兜着走。这些都是隐藏着的安全隐患。

而要做到这一点，飞蝗泥蜂应该怎么做呢？这个问题也难倒了专家们，因为实验的结果只会令人茫然无措。但飞蝗泥蜂做到了，这一点我们

第五章
朗格多克飞蝗泥蜂

洞口处，一只距蠡张开巨大的钳子，怒视着不远处藏在草丛中的猎手飞蝗泥蜂。看来，这只飞蝗泥蜂遇到大麻烦了！

应该向飞蝗泥蜂学习。飞蝗泥蜂好像天生就掌握了手术的技巧。它知道控制猎物嘴部活动的神经是由猎物的头颅下的神经核控制的，破坏了这里昆虫就无法反抗了。怎么手术这个问题对飞蝗泥蜂来说简直就太小儿科了，它没有使用螫针，而是使用按压的方式来代替毒刺。我有幸看到了这些，并且如实地将这些情况记录了下来。

当飞蝗泥蜂在搬运猎物的过程中，感觉到猎物抓住东西拼命抵抗时，它就会停下来。就像是要对猎物进行狠狠一击结束痛苦似的，膜翅目昆虫使劲把扳猎物的脖子，并尽可能用大颚压迫它的内部神经节。一会儿，猎物就一动也不动了，更不会有任何的反抗了。在飞蝗泥蜂没有做这些之前，猎物还是会有一定的反抗的。

很显然，飞蝗泥蜂并没有损伤猎物纤细柔软的颈膜，只是在猎物的头颅里搜寻并压迫它的大脑，从外部看不到猎物的半点伤痕。我把飞蝗泥蜂的劳动成果收藏了起来，想要观察它的手术结果。我也用同样的方法亲手做了一个这样的实验。在这里我们来比较一下实验结果。

我用和飞蝗泥蜂同样的方法在一只距螽身上做了实验，表面上看起来与上面的那个猎物结论相同。但当我用针尖刺激虫子时，我处理过的距螽会发出刺耳的尖叫，腿也会抽搐一下，原因是我处理过的距螽胸部神经节并没有受到伤害。我自以为勉强算得上一个合格的学生，能够学习飞蝗泥蜂在生理学方面的本领，但结果证明这只是一个笑话。

我怎么可以为这些而沾沾自喜呢？我从它那儿学习的东西还远远不够，实验没几天，我做实验用的两只昆虫已经完全失去了生命，而飞蝗泥蜂处理的昆虫甚至是在 10 天之后还保持着新鲜，也能满足幼虫对猎物的需求。

让我们再来看看为什么飞蝗泥蜂只是按压猎物的神经节，而不是用螫针螫伤它。这个位置是猎物的生命核心点，猎手需要的是活着的猎物，而不是死了的，如果用螫针的话，猎物很快就会死亡。因此猎物用了一种简单而又有效的办法，使用压迫法，使猎物暂时性失去控制。过不了几个小时，一切就又可以恢复正常了。而这段时间足够飞蝗泥蜂把猎物拖回到洞里。

我苦苦追寻了朗格多克飞蝗泥蜂猎杀距螽的过程，一次又一次地无功而返。在已经把写好的东西交给出版社之后，我的儿子帮了我一个天大的忙。他发现了飞蝗泥蜂正拖着猎物往洞里去（他以前已经知道关于朗格多克泥蜂的事情）。之后我就迅速跑了出去，看到了朗格多克飞蝗泥蜂正拖着它的距螽往鸡窝里走去，好像是要把窝建在屋顶上的瓦片下。

这只飞蝗泥蜂咬着猎物的触须，昂着头拖着那个庞大的重物。我的心里多少有些遗憾，只可惜自己没准备活距螽。我的儿子这次又给了我一个惊喜，他从他的饲养屋里带出了 3 只距螽，并且里面有两只是雌距螽。世事弄人啊，20 年之后我竟然有机会重新进行那毫无成果的实验。我收养过一只失去亲人、无家可归的南方伯劳，把它托付给儿子来照管。他喂了一段时间，发现伯劳喜欢距螽更甚过蟋蟀，因此储存了不少新鲜的距螽。这只伯劳可是大功臣呀。我用镊子把飞蝗泥蜂的猎物替换成距螽，被抢劫的飞蝗泥蜂看到如此肥胖的猎物，急切地在它的前胸上下了毒针，我没法用语言表达这一切。做完这些之后，飞蝗泥蜂压迫猎物的颈背使它的脖子大大张开。我们开始以为猎物受伤部位的神经中枢是控制前胸食道下部的位置的。但事实不是这样的，飞蝗泥蜂只伤到了猎物前胸的神经节，至少是第一个神经节，刺脖子相对来说比刺胸部来得更容易一些。这些做完之后，距螽已经变得奄奄一息。我又如法炮制，直到两只距螽都使用完之后才罢手，我吃不准飞蝗泥蜂是否对雄距螽也感兴趣。事实证明我的怀疑是正确的，不论怎样，飞蝗泥蜂就是不肯接受我给它的雄距螽，即使我把它的三只雌距螽都给拿走了。雄距螽不是飞蝗泥蜂幼虫喜欢的食物，在多年之后，我又证实了这个道理。

在我手里的三只距螽，它随便被人摆弄，姿势就和放上去的一样。只有它那偶尔动动的触须、嘴皮，还有肚子每隔一会儿的起伏还能证明它是有生命的。你只要用针在它那嫩皮上扎一下，就可以知道它被伤害的只

一只飞蝗泥蜂昂起头，使劲咬住猎物的触须，试图拖着这个庞然大物往洞口前进。

是运动能力而不是身体的敏感性。膜翅目昆虫的螯针拥有无可比拟的优势，它可以无比精准地刺到某一点上，似乎可以代替那笨重的手术刀。我们再从另一个角度来看看这三只猎物给我提供的结果吧。

我们可以看到猎物已经死亡了，从那仅存的腿部运动消失之后，我们得到了这个结论，它身上除了运动神经中枢受到损害外，没有其他的损伤，应该死于虚弱。因此我又做了一个实验，是关于有光照是否会影响昆虫的生存时间的，结果我发现，光照下的生命比在黑暗中的生命要少成活约四分之一的时间，如果猎物在光照下生存了 3 天，那么在暗处就能生存4 天。要解释这一结果并不难，在同样的条件下，在阳光下活动得越厉害，消耗就越大，相对而言，生命的时间就缩短了。

而我把飞蝗泥蜂动过手术的距螽中的一只也拿来做了实验。相比较而言，这只距螽比上面的那两只只多了一个重伤的条件，可是它到了第18 天才死去。由此我们可以得到一个结论，受重伤反而可以延长昆虫的生命。

也许这种结果很不符合常理，但要理解起来并不困难。正常的昆虫要维持生命，需要消耗的能量要远远大于受伤了的昆虫，这也正是人们常说的，生命在破坏中愈加坚强的最佳例子。

幼虫喜欢食用新鲜的食物，被螯针刺过的距螽正好可以存活到虫卵到幼虫发育的时间，看起来，膜翅目昆虫已经掌握了一种良好的传宗接代方式。

还剩下两只被动过手术的昆虫，我看到它们张合的嘴有了一个想法。我用汤药来维持它们的生命，这种汤药不是真正的药，是糖水。我所取得的成功远远超过了我的期望。昆虫仰卧着，我小心翼翼地喂食它们糖水，一直到它们不喝了才停止，但是我不想成为病人的奴隶，所以喂食它们有时是一天两次，或者三次，次数并不固定。

结果是这样的：一只距螽存活了 21 天，也许是我动作笨拙，摔了它两次，导致了它加速死亡；另外一只没有遇到意外，活了 40 天。但糖水

也不是万能的，它也无法代替常规的食物——生菜。我想，如果它们可以正常进食，昆虫的生命有可能得到延续。被猎手蜇刺的猎物是被饿死的，我的观点得到了证明！

 盲目的本能

飞蝗泥蜂拥有精湛的技术，但一旦发生意外，它那小小的脑袋显然是应付不来的。精湛的技术与无知并存，这是一个奇怪的组合。为了能够生存下去，也为了传宗接代，本能驱使着它们可以做成任何事情。同理，如果某些事情超出了它们接触的范围，即使再简单的事情，对它们来说也无异难于登天。昆虫那精湛的技术令我们震撼，而它那简单的脑袋又不得不令我们叹息。从下面这个例子我们可以了解到更多这方面的情况。

我们来仔细观察一下飞蝗泥蜂是怎样把猎物拖回窝里的。一只修女螳螂堵在了它回窝的必经之路上，而膜翅目昆虫要消除这个潜在的威胁，就需尽快想办法把这只修女螳螂赶走。可是这个强盗并不打算离开，飞蝗泥蜂也只能保持警惕，用眼神来威慑敌人。这也可以让飞蝗泥蜂自我感觉

这是一只骄傲的修女螳螂，它挺直了修长的身子，头高高扬起，看上去像个专心祈祷的修女。

放下的猎物不会存在隐患了。

修女螳螂在普罗旺斯语中的意思是"向上帝祈祷的昆虫"。因为它的小模样加上平常高昂着的头颅令它看上去就像一个正专心祈祷的修女。而且它进食时就像在虔诚地像上帝祈祷一般。可事实上，它是一种非常凶残、嗜杀成性的昆虫。它经常光顾膜翅目昆虫掘地的工地，因为在这里能捕获双份猎物，一份是膜翅目昆虫，另外一份是膜翅目昆虫的猎物。由此可以看出，修女螳螂是一种非常狡猾的掠夺者。修女螳螂捕捉猎物时足够耐心，当它与膜翅目昆虫相互对峙时，会一直等到膜翅目昆虫放松警惕，再以迅雷不及掩耳之势把它捕捉。

我曾经见到过修女螳螂屠杀猎物的场景，这件事情发生在泥蜂的工地上。这种泥蜂的幼虫以蜜蜂为生，它总是趁着蜜蜂辛勤工作时把它们捕获。假如蜜蜂体内装满了蜜，它将遭到泥蜂更为残酷的折磨，泥蜂把蜜蜂采的蜜从它肚子里挤压出来，然后饱餐一顿。对蜜蜂来说这简直太狠毒了，但当泥蜂吃得正香的时候，很不幸的它又成了修女螳螂的猎物，可谓是螳螂捕蝉，黄雀在后。修女螳螂开始撕咬泥蜂时，泥蜂仍不肯放弃嘴里的蜂蜜，拼死保护自己的猎物。

回到正题上来，来瞧瞧飞蝗泥蜂吧。飞蝗泥蜂的窝建在相当隐秘的尘土中，它的过道很短，这是一个在匆忙之中建成的洞穴，里面简陋无比，根本与精致扯不上半点关系。

在前面我也提到过，它的窝那么简陋是有原因的，它是先把猎物捉到之后才随意在猎物的周围找一个合适的地方来挖洞的。这时它的猎物还在半路上，谁也不知道会不会有意外发生，它只能以最快的速度找好挖洞的地点，挖好洞穴。在这样匆忙的环境下建造的窝又怎么会不简陋呢？它只能在捕捉猎物的附近挖洞穴，洞穴总是随猎物地点的改变而改变的，一只猎物、一个洞穴、一个新窝，这就是它的生活。

我们了解了这些之后，是不是会很好奇，假如给它们创造一种新环境，它们会怎样做，就让我们来观察以下几个实验吧！

第一个实验对象是正拖着猎物回窝的飞蝗泥蜂。我在没有惊动它的情况下剪断了猎物头部的触角。它在发觉之后，只是很奇怪地回到猎物身边，继续抓着距螽的触角根部拖着它前进。我又一次剪断那两段触角的根部，这次这只飞蝗泥蜂无法再一次抓住触角了。而飞蝗泥蜂又在猎物侧面抓住了触须继续拖，也没有对触角断了这件事情巡查。等到将猎物拖到目的地后，它先要停下来去检查一下洞穴，我就趁着这个机会迅速剪掉了猎物所有的触须，并且把猎物放到离飞蝗泥蜂的窝大约一步远的地方。飞蝗泥蜂很快就出来了，它径直跑到猎物旁边，在猎物头部上上下下看遍了，令它失望的是没有任何可以抓住的东西。没办法，它只能做了一个令我大

吃一惊的尝试，用它的大颚去咬距螽的头部，很遗憾它失败了。它试验了好几次，可都失败了，这时我看出它很无奈，似乎要放弃了。

事实上距螽的身上除了触角和触须以外，还有六条腿、产卵管都可以作为拖运的支撑点。对于搬运猎物来说，用猎物的触角是最合适不过的，但是用猎物的前腿难度也不大啊。但是飞蝗泥蜂却是一点都没有去尝试抓住猎物的腿来托运食物。是不是它的脑袋里想不到用这个方法，那就让我们来给它来提个醒吧。

因此我把距螽的一条腿放在飞蝗泥蜂的大颚处，但是它无情地拒绝了我的好意，我又把其他飞蝗泥蜂可以咬住的位置放在它的大颚处，但它依然无动于衷。可能我待在这里会打乱它的思维吧，因此我打算到别的地方先去转一转，过一会再回来看结果。我在其他地方转了两个小时之后，

勤劳的膜翅目昆虫刚刚产完卵，它还没来得及休息，立马又来到洞穴入口处，小心翼翼地填塞好缝隙，牢牢封紧入口。

又一次回到了刚才的位置，但结果距螽还在原来的位置，而飞蝗泥蜂已经不知去向。由此可见，飞蝗泥蜂把它的住所和猎物全部抛弃了！简直愚蠢之极！毫不夸张地说，假如距螽没有触角和触须，飞蝗泥蜂的种族也许就无法延续下去了。

当膜翅目昆虫已经在食物上产完卵，但还没有把窝封住时，我们来进行下一个实验。它小心翼翼地用沙子、小石子以及之前准备好的土把缝隙塞满，再用它的大颚用力把洞口垒实。我还是很佩服它工作的效率的，在这么短的时间里，它完成工作的质量是很好的。在这个过程中，我插了一手，但肯定不是帮它更快速地堵好洞口。在它即将完工时，我把飞蝗泥蜂拿开，然后小心翼翼地清理好它刚才快要堵好的洞口，用镊子把距螽从蜂房里取出来。距螽这时头部位于窝的尽头处，产卵管位于出口处。与往常一样，膜翅目昆虫把卵产在了距螽的胸部，这一切都表明，膜翅目昆虫已经对自己的窝做了完美的整顿，离开之后就不会再回来了。

我做完这些事情后，还把猎物小心地存放起来，把场地重新让给了飞蝗泥蜂，这只可怜的泥蜂眼睁睁看着它的住所被洗劫却又无能为力。待得到了自由之后，它看见洞穴被打开，走了进去，在里面待了一小会。让我意想不到的是，它又开始了被我打断的那项工作，就犹如洞里的猎物根本没丢一样地细致工作，当洞口再一次被封好之后，昆虫也许对自己的杰作十分满意，得意地抖了抖身子，看了一眼洞穴之后就飞走了。

我很纳闷，刚才飞蝗泥蜂已经进洞巡视了一圈，肯定知道洞里的猎物已经没有了啊，但为什么还是像原来洞里有猎物一样仔细、认真、细致地把蜂房给封起来？它是否还打算使用这个窝？是否还会再带一只猎物来这里产卵？假如真是这样，这确实是一种明智的保护房间的措施。我也知道，某些掠夺成性的膜翅目昆虫无法在工作中暂停一段时间，它确实会通过封锁洞穴大门来阻止别人进入。从这上面的痕迹来看，我很怀疑它回来的可能性。实验事实具有更大的说服力，为此我盯了这个飞蝗泥蜂的窝足足有一个星期。但事实证明，那只走了的飞蝗泥蜂没有再来。

再一次回到刚才那个场景，飞蝗泥蜂进入那个空无一物的房间，给人的感觉是并没有被抢劫的样子。我敢相信它肯定知道猎物丢失这个事实，但为什么它还要继续封窝，并且一丝不苟地去完成这件事情呢？封门已经没有任何意义了，但是为什么膜翅目昆虫还是热情洋溢地完成了这项工作？这就是前面所说的，昆虫的行为是受到本能指引的，就如捕捉昆虫、产卵再到最后把要处理的事情处理完，这是一个完整的循环，中间任何一个环节受到了破坏，后面也就没有继续下去的必要了。但是膜翅目昆虫受本能的指引，虽说知道猎物已经没有了，但还是要把后面的做好，确保这件事情要做完，这是一个很不合逻辑的行为，所以我们可以看出，它的思维能力进化非常慢。

让我们再来看下一个实验。昆虫通常在正常与偶然两种情况下，会向我们展示矛盾又不可理解的两种不同情况，下面的这个实验就与此相关。

白边飞蝗泥蜂的住所附近有各种各样的蝗虫，因此它们根本不需要费多少力气去寻找猎物，所以它们是先建好窝才去捕捉猎物的。它运输猎物的方式与其他飞蝗泥蜂的运输方式相同。在路上遇到草丛时，它始终紧紧地咬住食物，从一根草茎跳或飞到另一根草茎上去。只是白边飞蝗泥蜂总是表现出一副不以为然的样子，来到离窝只有几步远的距离处时，总是放下猎物匆匆忙忙地奔向住所，接着再回来把蝗虫拖近一些，如此来来回回很多次，也不管住所或者猎物会不会有危险。

当然，这个过程也并非一帆风顺的，有时也会出现意外。就比如在靠近窝时，白边飞蝗泥蜂把猎物放在一个斜坡上，稍不留神猎物就会滚到斜坡下面去。等它回来发现猎物不见了，就会四处寻找，可惜大多数情况下猎物都是找不到的。

老天保佑，它终于把猎物成功地拖到住所处了，这时我们可以看到白边与黄翅飞蝗泥蜂在同样的条件下采用的方法也是相同的。我在白边飞蝗泥蜂巡查住所时，悄悄地把它的猎物推得远了一些，结果它的做法与蟋蟀捕猎者的做法完全相同。但是把蟋蟀移远这种把戏有时候也是会被识破

草丛中，飞蝗泥蜂始终紧咬着食物，准备从一根草茎跳
跃到另一根草茎上去。

的，但那种情况寥寥无几，而大部分都是跟原来的做法一样。我不清楚是
否会因为环境差异，而导致脑袋进化程度也不同。

接下来发生的事才是最重要的，也证明了我对于它们受本能支配的
猜测。我趁白边飞蝗泥蜂进到住所处时，把它的猎物藏了起来，而白边飞
蝗泥蜂在确信猎物找不到之后，做了跟朗格多克飞蝗泥蜂一样的做法，永
久地封闭了这个蜂房的洞口。

让我们来做最后一个实验，要是黄翅飞蝗泥蜂中途突然中断工作，
它会不会做出同样不符合逻辑的事情？这个结论我敢打包票，这种飞蝗泥
蜂会跟它上面提到的那两个同类一样，做出不合逻辑的事情来。当黄翅飞
蝗泥蜂做完所有的工作以后，每个蜂房里面有四只猎物是最为普遍的现象，
但也有的会少于四只；我做的另外一个实验证明了幼虫身体器官的完全发

育需要四只蟋蟀的营养，多于四只是毫无价值的。但为什么会有少于四只的呢，只可能是猎物在运输的过程中丢失了。可能在它进窝里观察时，外面的猎物因为放在斜坡上而滚下山坡去了；还可能是猎物身上沾染了蚂蚁或苍蝇，飞蝗泥蜂也会将它抛弃。

我个人认为，飞蝗泥蜂虽然拥有准确估算猎物数目的能力，但还是无法计算出最终运输到蜂房里的猎物数目。在本能的引导下，它捕获固定数量的猎物。但在完成这些任务之后，它才不会管实际送到蜂房里的数量是多还是少呢。之后它就开始按部就班地封闭窝的大门。事实证明，自然界只赋予了它在一般情况下喂养幼虫的本领，这些就足以完成繁衍后代的职责了，虽说这些本领是盲目的，但也说明了昆虫的进化是有限度的。

通过上面的内容，飞蝗泥蜂告诉咱们，它们在本能的支配下技术相当精湛，但一旦有偶然或意外情况出现，它们的小脑袋就不会转弯了，这是它们的本能。

第六章
万杜山上的迁徙者
——毛刺砂泥蜂

昆虫档案

昆 虫 名：毛刺砂泥蜂

身世背景：大多生长在平原地区，极少生活在
高原地带

生活习性：喜欢独居生活，偶尔因为迁徙也会
选择群居，但情况极少

喜　　好：喜欢吃毛虫，会在发现猎物的地点
附近挖洞产卵

绝　　技：能用螯针一击致命，准确地刺中猎物，
使猎物麻醉

武　　器：毒螯针

攀登万杜山

　　高大巍峨的万杜山因为受到各种气候因素的影响，植物种类纷繁复杂。一路走上这座雄奇险峻的高峰，你会有从地球南端走到北端的惊奇感受：从山脚出发，首先映入眼帘的是郁郁葱葱的橄榄树，一片片百里香的芬芳扑面而来，在温暖阳光的照耀下，显得格外清新亮丽；沿着山坡继续前行，你会发现生长于此的许许多多植物，平常只有在从南到北的旅途中才能匆匆一瞥，机会多么难得呀！你还可以见到暗色的虎耳草，植物学家做相关研究时首先发现了它……到达山顶时，我们已气喘吁吁。山顶一年中至少有 6 个月时间被冰雪覆盖，不过在这严寒大雪中，却生长着一种来自于北方极地海滩的顽强花儿。在山的高处，我们有机会采摘到毛茸茸的黄色花儿，它叫虞美人，生活在遥远北方的极地海滩；在低处，我们可以很轻松地摘一朵鲜红的花捧在手心，仔细端详，在炎热干燥的非洲这种小花遍地都是。在杜万山，我们能幸运地观察到这不一般的景色，简直让人难以置信。

杜万山的山顶风景迷人，繁花盛开，温暖阳光下的空气格外清新。

　　这种层次分明的对比，使大家每去一次都有一种焕然一新的感觉。我热爱爬山，热衷考察，对考察这样的高山更是乐此不疲。绿油油的草地、五彩缤纷的花朵、潺潺流淌的小溪，郁郁葱葱的树木再加上巍峨险峻的高峰，这是一幅多么美妙的景色呀！如果有机会再看看瀑布，那就完美了。不过，在万杜山可没有那么幸福。干燥、瘦骨嶙峋的岩层看起来就令人害怕，石块有时也会在不经意间落下。在这儿，难以入耳的石块坍塌声常常出现，也难怪和我同行的伙伴不乐意再次远征，攀爬这座高山。

　　到达了万杜山的山脚下，我们和领队的向导商量好明天上山的时间，准备好需要的食物和水之后，就要歇息了。明天到了山上，肯定是再没有机会睡觉了，所以我想先美美睡上一觉。可是晚上客店里嘈杂的声音简直让人无法安静下来，有人在高谈阔论，有人在把酒高歌，有人脚步匆匆路过，你能想到的和不能想到的杂音全都混杂在了一起，倒要比白天更热闹三分。我很无奈地闭着眼，听着外面的各种嘈杂之声，直到天微微明亮，驴子如同公鸡叫鸣一般大吼一声后，才爬起了床！我们的行李和旅途粮食已经准备齐全装到车上了，万杜山的向导牵着牲口在前面带路，我们的队伍跟在后面。我们中有专门来考察的，有来欣赏风景的，他们观察的观察，聊天的聊天，我则带着考察工具紧跟在队伍后面。

　　我的用具中有一个晴雨计，主要是用来记载植物的生长纬度的，现在却被这帮家伙用来测量葫芦里的酒，有点儿哭笑不得。我们越登越高，温度也越来越低，橄榄树、橡树不见了，桑树、核桃树、白栎树也看不到了，黄杨数量猛增，如同一片汪洋。后来，我们来到主要生长山地风轮菜的聚居地，不过这东西可不是好吃的，一般作为佐料撒在乳酪上。想到了吃，或许大家都饥肠辘辘了吧。这时很多伙伴偷偷瞅了瞅牲口身上的粮食袋，好像馋得快流口水啦！为了让大家的胃消停一会，我带头吃起了一种酸味的叶子，刚开始他们还笑话我呢，不过不一会儿都咀嚼起这种叶子，我的影响力还蛮大的吧！

　　过了一会儿，我们到了生长山毛榉的地段，首先映入眼帘的是一些

万杜山上的迁徙者——毛刺砂泥蜂

一株结实的山毛榉傲立在杜万山间，风雪的洗刷让它看上去更加挺拔多姿。

稀稀落落的小灌木，后面是紧紧依偎在一起的矮个子小树，继续前行，终于看到了一片茂密的山毛榉丛林。这些山毛榉看上去十分健壮、结实，在山中风雪的袭击下，有的树枝也受到了伤害，因此形状看上去有些奇怪，而有的甚至已经倒在地上……继续前行，这种树木开始变得稀稀落落，这时我们的肚子也开始闹起了情绪，于是大家一鼓作气走到约定地点，准备享用午餐。

我们歇息的场所，指甲草悄悄点缀着风景如画的大地，一泓泉水从地下涓涓流出，清凉甘甜，对我们这些长途跋涉、正需降温的伙伴们来说，简直是太棒了。同行的一人负责从袋子里拿出各种各样的食物，有鸡肉、羊后腿，面包、肥肠，还有乳酪，卤水橄榄，西瓜，罐头等，看得大家直流口水，迫不及待地拿起吃了起来，一边吃一边还不忘夸赞着"不错，真香"。品尝完了美味佳肴之后，我们躺在草地上小憩了一会，还懒洋洋地晒了会太阳，真是乐得逍遥。

现在酒足饭饱了，也该起程了，于是我们又踏上了前行的道路。领队很积极地在前面带路，走过一条弯弯曲曲的小路后，我们到达了一个可以住人的羊棚，领队决定在羊棚等着我们，而我们则继续马不停蹄地前行，傍晚时分再回到羊棚集合。

继续前行，我们上了斜坡，登上了山脊，站在高处，有点把大地踩在脚下的窃喜和自豪感。从山顶远远望去，到处一片苍茫雄伟的景象，山坡有时是垂直的，有时弯弯曲曲，嶙峋陡峭，令人头直发麻。当伙伴们掀起一块石头，把它推入山下后，大家听到了一声巨响，随后我看到了老朋友——毛刺砂泥蜂。它们紧紧依偎在一起，大概有一窝，而我以前见到的都是形单影只的，没有这么多。当我想弄明白原因时，乌云密布、电闪雷鸣，倾盆的大雨呼啸而下，眼前模糊了。糟糕，我们的一个朋友独自出去找一种特殊的岩石，到现在还没回来。我们不能丢下他不管呀，于是大家在暴雨中手牵着手，大声喊着，声音很快被风雨声淹没了。大家的衣服都湿透了，贴在了身上。也不知道这个朋友回没回羊棚，我们尝试回羊棚找找他。不知怎的，我们匆忙寻找他时，却迷路了。我们沮丧极了。一旦我们走错了路，就真有可能跌入万丈深渊，后果不堪设想。

大家你一言我一语，并没有想到什么好办法。我十分熟悉此地，和其中一个朋友进行了短暂秘密的对话。我们开始思考，可不可以用其他办法来判断方向，"乌云从南方飞来，雨点由南往北偏斜"，"我们应该从雨点落下的方向下山"……经过一番思索之后，他们决定跟我走，不过我还是有点儿担心，怕带错了路。但大家信任的目光让我很感动，试试吧！于是我们手牵着手，一起朝那个方向走去。

再往前走了十几步，我们都开心地乐起来，因为我们发现了代表希望的碎石路面。踏着这清脆的碎石路面，我们也尝到了绝地逢生的喜悦。过了一小会儿，我们走到了山毛榉生长的地方，哦，是来时的路，不过怎样才能找到羊棚呢？在人群来来往往的地方，经常会长雌雄异株的荨麻和藜两种植物，我提议用手摸着植物前进，一旦手被刺，就证明有这两种植

万杜山上的迁徙者——毛刺砂泥蜂

在人群来来往往的地方，经常会长着
雌雄异株的荨麻和藜两种植物。

物，不过伙伴们也有些怀疑这样做是否可行。我和其中一个朋友坚信这是
可行的，并且我们会安全地回到山脚下，于是大家和我们一块往前寻摸着，
边走边试探。谢天谢地，我们终于回到了处所——羊棚。

走失的朋友果然在那儿，领队也在那儿迎接我们回来。点起篝火，
换上干衣服，大家又开始说说笑笑了。晚餐时我们饮用的是从山谷带回的
雪球融化后的雪水。简单吃了点儿东西后，大家都躺在一层用植物叶子铺
的床垫上睡觉了。经过了这么多年的沉淀，这些树叶都快腐化了，让人难
以入眠！羊棚里充斥着难闻的烟味，这也成了我无法入睡的原因！大家一
边咳嗽一边抱怨，谁都没能真正睡着！凌晨两点多钟，大家就都起来了，
准备迎接最高处的美丽日出。这时星星还在天空中眨着眼，像是笑眯眯的，
或许是在欢迎我呢！不用说，今天阳光肯定灿烂。

山中高处一般空气稀薄，空气密度小，氧气含量也少，我们这些从平原而来的旅行者自然会有恶心、缺氧的症状，加上昨晚那么疲劳，睡不好，我们爬起山来有气无力、气喘吁吁的，像蜗牛似的缓缓前进，还时不时休息一会儿。最终，我们到达了山顶，一溜烟钻进了山上的一个小教堂，开始大口喝起酒来，山上的确太冷了，我们需要借助酒的力量来热热身。啊，太阳升起来了，泛着微红的光芒，整座山峰在太阳光的照射下异常美丽，西边及南边的平原也在迷雾蒙蒙中延伸开来。太阳升得更高了，我们清晰地看到了一条安静祥和的河流。山的东边和北边，漫无边际的云层舒展着，犹如海洋里泛起的浪花一般。远处的几座冰山覆盖着冰雪，云雾缭绕，远远望去恍如仙境。

大家千万不要被这美丽的景致迷惑了，我们此行的主要任务是观察植物。时值八月，很多花儿已过了花期，要是我们能提早半个多月来，想必能获得更多的惊喜。七月的万杜山简直就是一片花海，开满了五颜六色

毛刺砂泥蜂是杜万山上的贵客，它正在为幼虫捕捉美食——虎耳草虫。

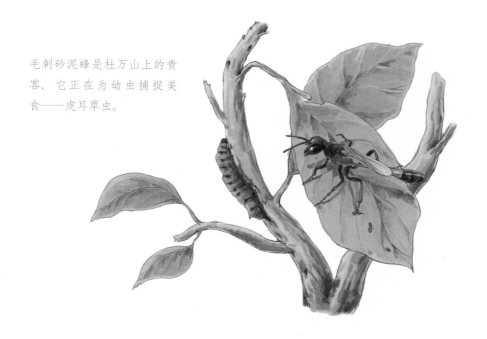

的花朵，那美丽的画面不禁在我脑海中浮现出来：心状花叶的球花开满一地，如同给草地铺上了一层绿油油的地毯；蓝色的勿忘草正骄傲地昂着头，好像在和蓝天白云比美；犹如暗色小草垫的对生叶虎耳草，还有其他各种各样的花儿也在你看我、我看你，争奇斗艳，身姿轻盈的绢蝶快乐地跳着舞，这种以吃虎耳草为生的昆虫可是万杜山高贵的宾客呀！这一切都太过美好了，都是大自然慷慨的恩赐，现在，还是让我们回头来看看我们的老朋友——毛刺砂泥蜂吧。

 ## 万杜山上的迁徙者

在海拔 1800 米左右的万杜山顶部，我遇到了一个观察昆虫的绝佳机会，不过这样的机会我也只遇到过那么一次！

在平原上，毛刺砂泥蜂较为多见，不过一般都以个体的姿态呈现，看上去形单影只，有时在挖洞穴，有时在捕捉猎物。所以当我在万杜山顶部附近发现一大群膜翅目昆虫在石板下面聚在一起时，我感到十分惊讶。是什么促使它们聚居的呢？

这种情况在膜翅目昆虫身上发生，的确十分罕见。春天，万物一派欣欣向荣，毛刺砂泥蜂也要开始建造住所啦。三月末，天气慢慢回暖，鸟儿们唱起了欢快的歌曲，花儿们绽放了美丽的容颜，蟋蟀开始蜕皮，慢慢成长起来了，而此时的毛刺砂泥蜂则正忙着挖掘巢穴、储存粮食呢。大多数侵略成性的膜翅目昆虫和其他种类的砂泥蜂会在收获果实的秋天开始工作，而毛刺砂泥蜂居然提前半年就开始挖洞，这是为什么呢？我陷入了深深的思考。

这些春天挖洞的猎手是否是前 3 个月才从幼虫蜕变成成虫的那些昆虫？我很疑惑，大多数膜翅目昆虫都会选择在相同的时间筑巢、储备粮食。它们在六七月份出洞，八至十月份才开始正式工作。毛刺砂泥蜂是不是也

平坦的草地上，一只毛刺砂泥蜂悠闲自在地飞行着，
它喜欢这样独自自由自在地生活。

会在同一个季节完成成虫的出洞和为后代储备食物呢？我有些迷茫，如果膜翅目昆虫要在春天挖洞穴，它就应该在冬天寒风呼啸时（最迟二月底）完成蜕变，这怎么可能呢？在大地一片萧瑟、荒无人烟甚至大雪纷飞的时候，它们怎么可能完成蜕变并出洞？阳光灿烂、土地湿润温暖的夏天，才是它们出洞的好时机呀。

　　毛刺砂泥蜂第一次出洞是什么时候我不得而知，我的研究中也没有关于这方面的记载，因此我要把所记录的材料综合起来分析。我从自己的记录中发现，银色砂泥蜂的孵化时间为 6 月 20 日，沙地砂泥蜂的孵化时间为 6 月 5 日，这两种昆虫都是在炎热的夏季孵化的，符合一般规律。以此类推，我觉得毛刺砂泥蜂也应该是在同一时期孵化的。不过，我们看到的这种砂泥蜂为什么会在四月前后就开始挖洞呢？也许那些砂泥蜂不是同年孵化的，而是上一年破茧而出的。它们可能是在去年六七月份破茧而出的，度过了整个寒冷的冬季，便踏着春天的脚步开始挖掘洞穴了。

年复一年，不同种类的膜翅目昆虫在不同的土质上抚育着它们的子孙后代。它们挖了一个个洞穴，这些洞穴被一条条走廊接在一起，犹如一个走不出的迷宫。在寒风凛冽的冬天，只要认真找寻，人们就会发现毛刺砂泥蜂要么小范围的聚集在一起，要么独自在洞穴凹陷处玩耍。这些独特的昆虫为整个寂寥的冬天增添了一丝活力。如果天气转暖，风和日丽，这些昆虫也会偷偷溜出来玩耍，还会散散步，晒晒太阳什么的，生活得十分惬意。

一群毛刺砂泥蜂正忙着为孩子们挖掘洞穴，储备粮食.

一只毛刺砂泥蜂刚刚捕捉到了一只
肥美的猎物，看来，孩子们的食物
有着落了。

然而，在寒冷的冬季，除了比较特殊的毛刺砂泥蜂还会时而出来活动活动外，其他为幼虫捕获猎物的膜翅目昆虫早已消失得无影无踪了。秋天过后，它们已经去了天堂，只留下孤单在洞穴中冬眠的儿女。不过，为什么这些毛刺砂泥蜂会选择群居生活呢？难道是为了聚集在一起取暖冬眠？不对呀，它们怎么可能在烈日炎炎的八月冬眠呢？在九月雨季快要来临时，植物们开心地迎接着给自己带来生命力的气候，它们拼命生长，争先恐后地展示着自己。这时，膜翅目昆虫们当然也得十分逍遥自在，它们蹦跳着、舞蹈着，毛刺砂泥蜂怎么可能乐意错过这美好的一切呢？

万杜山高大巍峨、崎岖不平，经常会有呼啸的寒风把粗壮的大树连根拔起，而这样刺骨的风会刮长达半年，有时还有突然下起的鹅毛大雪，令整座山都处于冰天雪地之中。喜欢温暖的昆虫怎么可能在这儿过冬呢？真奇怪，毛刺砂泥蜂们难道是走错了路？还是遇到恶劣的天气先暂时避一避？它们为什么要这样呢？它们要去哪儿？

万杜山上的迁徙者——毛刺砂泥蜂

到了八九月份，各种各样的鸟儿开始做南飞的准备工作了，它们从凉意习习、丛林茂密的远方，也是它们繁衍后代的地方，叽叽喳喳地飞到我们这个酷暑难当的地方。在某一日，或许是它们自己算好的幸运日或者黄道吉日，它们到达我们这儿，时间可准了，犹如定好的闹钟。在这块肥沃的土地上，有许多鸟儿们的美味——各种各样营养丰富的小虫，它们在这吃得肥肥的、壮壮的，同时还储藏起来很多粮食，以备不时之需。对呀，这么长的迁徙路途它们得要补充营养啊。吃饱喝足还带了点储备粮食之后，它们继续南飞，飞到那四季食物充足的远方。

最先最快到达目的地的是长翅百灵，它吃的是狗尾草的种子，能够帮助庄稼除害，是一种益鸟。这种鸟儿警惕性很强，听到任何风吹草动便会立即逃跑。第二名的到达者是石鹏，它以蝗虫、蚂蚁等为食。紧接着各种有名没名的鸟儿都到了，白尾雀一向吃得肥肥壮壮的，它们的猎物种类繁多，有蚂蚁、蜘蛛、蝗虫及蜗牛等，数不胜数。为了更好地消化吸收，它

百灵鸟是最快到达的客人，它是一种益鸟，能够为庄稼除害哦。

还吃葡萄等水果，真是聪慧。这种鸟儿飞翔时会展开洁白的羽毛，犹如洒脱、飘逸的白衣天使。但这种鸟儿十分贪吃，飞行途中也不忘吃吃喝喝，难怪身体十分肥壮了。

现在人提倡减肥，不过有一种怪怪的鹨鸟，它却特别喜欢增肥，吃的食物也是脂肪含量很高的象虫，所以它浑身上下都肉嘟嘟的，几乎看不到骨头；飞起来时也经常大汗淋漓、气喘吁吁的，毕竟身体不那么轻快呀。

瞧，灰鹡鸽迎着金秋十月的阳光来了，它身材苗条修长、脖子细长，胸前还有黑色的绸缎装饰。它动作优雅，有时还会悠闲地散步，不过它也是捕食田野害虫的好帮手。那是谁来了？哦，是云雀，它们好像一支武装的队伍，先是打头阵的先锋部队，接着浩浩荡荡的队伍才有序赶来。它们也很喜欢吃狗尾草的种子。此时平原沐浴着温暖的阳光，到处一片忙碌的景象。但鸟儿们可要小心了，说不定你的身后正有狡猾的猎人瞄准你射击呢，一定要小心又小心，千万别太贪玩、贪吃了！

草地鹨好像是和云雀约好似的，同时来到这里。它们喜欢在田野中觅食，声音低沉富有磁性，不过这些鸟儿我们很少有机会看到第二次。因为这儿只是它们暂时补充食物的驿站，它们在这儿待一小段时间，吃饱喝足后会继续向南飞翔。不过，也有像云雀一样，在这块土地上寻找一个合适的地点安顿下来过冬的鸟儿。这儿雪天少，所以即便在冬天它们也可以找到一些种子作为食品，安然度过整个冬天。

云雀在很多地方都可以见得到，而它却不住在这片平原上，住在此处的是凤头百灵，在这片平原附近的省份经常可以见到这种鸟儿精心搭建的窝。对于它们来说，没有必要飞去更远的地方繁衍后代，秋冬季节在附近就可以找到合适的地方产卵，而且这些地方没有积雪，还可以吃到各种各样的种子，不怕饿坏了。我已经证实了，砂泥蜂群就是小距离的迁徙者，它们在完成蜕变后躲在洞穴里过冬，并在第二年的四月前后搭建处所。令人感到奇怪的是，它们不怕饿肚子，倒是十分怕冷，可以不吃不喝直到春暖花开，却受不了冬季的寒冷，所以它们千方百计要迁徙到温暖的地方去。

一旦寒冬过去，它们还会再次飞回来，万杜山上有砂泥蜂群的原因就在于此。它们如同迁徙的候鸟，来自寒冷的地方，想飞到南方过冬，但路途遥远，经过一个峡谷时，碰到了乌云密布、风雨欲来的恶劣天气，暂时在山上躲一下。可见，毛刺砂泥蜂如同候鸟一般，当天寒地冻时，它们开始行动，翻山越岭，长途跋涉来到温暖的地方过冬。它们也很无奈呀，为了躲避严寒，不得不出此下策。

对于昆虫在高山上群居的情况，我还见到过两次。一次是在金秋十月，万杜山小教堂聚居着数量庞大的七星瓢虫，这些昆虫根据小教堂屋顶石板的数量建造了同样数目的墙壁，它们彼此依偎着，相依为命。这儿聚居的七星瓢虫好像岸边的沙子一样，难以数得清。此处食物稀少，所以我可以肯定它们来此绝不是为了找寻食物。还有一次是在炎热的六月，在万杜山700多米的高原上，我又见到了七星瓢虫聚居的一幕，虽然数量不多，但情况并不常见。它们动也不动，像一窝小懒虫。不过在阳光灿烂的地方，它们总是在交替变换位置，如同轮流值班你来我走似的。

许多七星瓢虫聚集在一起，它们共同生活，共同工作，彼此相依为命。

亲爱的朋友，谁能告诉我，为什么它们会出人意料地聚居在一起？我也没有发现验证真相的线索，在这片神奇的地方，有多少不为人知的秘密？七星瓢虫看起来那么幼小，微不足道，可它们却凭借小小的翅膀来到了这座高山，是什么牵引着它们前行，动力何在？它们喜欢居家，不善于旅行，却不远万里来到这山上聚会，难道还有其他什么计划？它们为什么这样聚会呢？

沙之友

砂泥蜂全身乌黑，身材苗条、动作轻盈，腹部末端很细窄，肚子上点缀着红色，除了外表近似于黄翅飞蝗泥蜂外，它们的猎物、习性却大不相同。砂泥蜂捕捉毛虫，而黄翅飞蝗泥蜂捕捉蟋蟀、蝗虫等，而且它们的捕捉手段也大相径庭。

砂泥蜂全身乌黑、身材苗条，腹部末端
很细窄，肚子上点缀着红色。

第六章

万杜山上的迁徙者——毛刺砂泥蜂

砂泥蜂这个刺耳的名字意思为沙之友，顾名思义，就是泥沙的朋友，但这么形容砂泥蜂似乎并不准确。砂泥蜂比较讨厌流沙，一碰到容易倒塌的流沙就逃跑。它们真正需要的是拥有疏松土质、容易挖掘的地盘，这个地盘可以用于挖掘通畅的竖井。毛刺砂泥蜂早在每年四月份就出现了，九月、十月时，柔丝砂泥蜂、银色砂泥蜂和沙地砂泥蜂也会纷至沓来。下面我就简单介绍一下它们。

砂泥蜂的洞穴较为垂直，约 5 厘米深，蜂房一般只有不大的一间，分布在底部。这个处所挖掘简单，它们的幼虫就是依靠一个四层壳的茧过冬的。砂泥蜂都是独立自主地完成挖掘工作的，而且不慌不忙、乐得逍遥。如果遇到不好挖的沙粒，它会发出如同大喊大叫的声音，隔一会儿就从地下跑出来，把挖的沙粒远远扔出去。不过砂泥蜂也是很聪明的，它会细心地将叼出来的优质沙砾搬运到井口，用来堵住处所的大门。

它们工作起来都是很认真细心的，那些没有价值的碎屑，它们会背起来倒退着一点一点扔到远处，虽然动作看起来有点笨拙呆板，但肉茎长的沙地砂泥蜂和柔丝砂泥蜂却工作得很卖力，它们的动作不能过轻或过重，必须保证准确无误。不过，毛刺砂泥蜂的结构比前面两种蜂有优势，它的肉茎短，工作起来阻力小，动作灵活而机敏，行动自如。

住所建好后，砂泥蜂会选择一个没有阳光的时间，去挖掘时堆积的石堆或附近的石堆处找一块合适的石头，用来盖在挖好的洞口，以免洞口被别人发现和骚扰。第二天，太阳出来了，砂泥蜂拖着一只刚刚捕获的毛虫，准确寻找了到自己的处所，毕竟在这么多石头中，只有它自己最清楚哪块石头下藏着自己的住所。它把猎物放入洞底，接着开始产卵，最后再把周围的碎屑推进洞里，永远封住了洞口。

当夜幕降临或者天色很晚时，沙地砂泥蜂和银色砂泥蜂来不及把食物放入洞底，它们会先封住洞口，等到第二天再储存食物。不得已，我会在它们的洞口做好记号，第二天再来好好仔细观察。不过，假如我第二天去得太晚或者它们白天已经储存好食物，我就没机会看到这繁忙的景象了！

一只砂泥蜂拖着比自己大许多的猎
物，艰难地往回走着，它还能十分
准确地找到自己的洞穴。

　　我感到砂泥蜂的记忆力超强，当忙到很晚，只能第二天接着忙时，它
会把洞口用石块盖住，而去别的地方过夜。它很自由，属于随遇而安的类
型，到哪就会把卵产在哪。如果它喜欢一个地方，就会把卵产在那，然后
又接着往别的地方飞去。不过，谁也不知道它去了哪里，或者在哪儿休息，
还是在哪儿吃点或者喝点东西以补充体力？我们不得而知，不过，过了短
暂的时间后，它还会飞回去，完成它余下的工作。第一天夜色中它很努力
地在花丛中畅饮，清晨又开始忙碌。

　　蜜蜂和胡蜂能从容地回到自己的处所，我觉得一点都不奇怪，毕竟
通往回家的路对它们来说熟悉得不能再熟悉。可是砂泥蜂却不是这样，因
为它并不了解这个地方，或许它还是第一次来挖洞的地方，又要带着很重
的猎物回到这里。但它甚至可以在已经找不到方向的情况下，仍然很顺利
地回到自己的洞穴，好像这条路走过了无数次似的，简直令人不可思议。

不过，有时它也会犹豫，怎么也找不到自己的洞穴。带在身上的猎物会妨碍它寻找路途，于是它就把食物放在便于发现的地方，再去努力寻找洞穴。我发现砂泥蜂走的路线毫无规律，简直横七竖八，什么形状的都有。这样的路线曲折、烦乱，足以证明此时的它多么迷茫和焦急。

在它的不懈努力下，洞穴终于被找到了。这时，它把石板放到一边，再去寻找放下的猎物，不过如果找洞穴时来来回回跑了很多趟，那么再找回食物也必定要费一番周折。虽然猎物放在便于发现的地方，但如果一直找不到处所会很麻烦，或许它预料到这一点，如果洞穴找了很久都没有找到，它会果断放弃寻找，回到猎物放置的地方。它在找到猎物后还会做一番鉴别，摸摸看是不是自己的猎物，接着再匆匆忙忙寻找一会儿洞，然后再回来查看猎物，如此反复再三，或许是为了记住猎物的放置地点吧。它们寻找挖掘洞穴的地点通常是随意的，走到哪儿感觉合适就挖在哪里，而最后要来回往复地找到它，还真不是件容易的事儿，我是真心佩服它们。如果让我去找一个前一天刚挖的洞穴，我得提前做好多工作，包括做标记、画图等。

好像只有沙地砂泥蜂和银色砂泥蜂会用石块把洞穴堵住，而其他两种砂泥蜂不会用这种方法，尤其是毛刺砂泥蜂，它总是根据捕捉住猎物的地点来挖洞穴和储藏猎物，根本没有必要用石块盖住洞口。柔丝砂泥蜂为什么不堵住洞穴，我想可能有别的原因。因为它要往洞穴里放五只毛虫，而其他三种砂泥蜂则只放一只，或许是因为它搬运的次数太多了，忘记了堵住洞口。

除了柔丝砂泥蜂之外，其他三种砂泥蜂留给幼虫一只猎物，虽然数量少，但猎物肥大，足够小幼虫吃的。我亲自见过沙地砂泥蜂驮着一只比自身重十几倍的猎物行走，多么不容易呀，它要用自己幼小的身躯把这么大的重物带回洞里！拿别的同类昆虫和相应的猎物做对比，我们可以发现，它们都没有达到这种相差悬殊的比例。三种砂泥蜂并不特别偏爱哪一种食物，只要是身材适当的夜蛾类毛虫，无论颜色如何，它们都乐意捕捉，最

为一般的猎物是在浅层地面吃植物茎根的灰色毛虫。

不过，我最为关注的是砂泥蜂捕猎的方式和怎样把猎物处理到无法伤害小幼虫的状态，以确保幼虫的安全。和蝗虫、象虫等猎物相比较，砂泥蜂捕捉的猎物与众不同，我想要观察它可不是那么容易的。功夫不负有心人，终于我碰到并紧紧抓住了这样一个机会，算是对我努力研究的回报吧。

研究开始时，我确实看到过砂泥蜂捕杀毛虫的经过，动作敏捷、迅速，不过它用螫针刺了一下毛虫的第五或第六关节就大功告捷了。为了验证我的研究结果，我做了一个小小的实验，趁砂泥蜂不注意的时候，把猎物偷来，察看螫针的蜇刺位置，我拿来了一根细针，用它小心翼翼地刺探这只毛虫，然后根据毛虫对针的反应程度来判断蜇刺位置。当我蜇刺第五或第

一只被砂泥蜂的螫针刺中的毛虫趴在树枝上，
不断来回翻滚，看上去十分痛苦。

六关节时，它毫无反应，不过蜇刺除此之外的其他地方，毛虫会情绪激烈，翻身扭转，哪怕只是轻轻浅刺一下，它看上去都痛苦不堪。通过这个实验我了解到，砂泥蜂蜇刺猎物时蜇刺在猎物的第五或第六关节上，而且仅仅就蜇刺一下，比较节约吧！

如今，为了预防猎物逃跑或者让猎物安静不动，砂泥蜂有必要对这种小猎物采取全方位的蜇刺吗？显然没有必要，毕竟只要抓住了猎物的致命蜇刺中心点，就会一招制胜。而且，砂泥蜂很聪明，它明白第五或第六关节是蜇刺的最佳点，毒汁在那儿向其他地方迅速扩散，它唯一的一次蜇刺也就大获成功了。综合来看，两组运动关节分开的第五或第六关节是它的蜇刺部位。

理所当然的是，砂泥蜂把它宝贵的卵产在被其蜇刺的关节，只有在这个部位，幼虫任意啃咬时猎物才会没有任何反应，因为它一直被麻痹着。当猎物感觉到疼痛时已经来不及了，这时的幼虫已经不再害怕猎物，它开始长得健壮，也有了自我保护能力，可以避免遭到猎物的意外攻击。

经过多次研究和发现，我开始对这种观察结果是否具有普遍性产生了诸多怀疑，一般的小猎物如毛虫，只被蜇刺一下就再也不能伤害幼虫，特别是当猎手一针刺中猎物的第五或第六关节时，猎物就更不能反抗了，这无可厚非。不过，对于沙地砂泥蜂，尤其是毛刺砂泥蜂来说，猎物大于自身十几倍，它还会采用这种方法吗？只刺一针，这种方法行得通吗？我很怀疑，万一这个庞大的猎物用它的屁股碰撞蜂房，会不会伤害到幼虫，刺一针对它来说能确保幼虫的安全吗？我不得而知，不过想想后果也挺可怕的，幼虫那么弱不禁风，猎物犹如庞然大物，而且力量强大，当弱小和庞然大物对峙时我不知道会发生什么，可以肯定的是，被刺一针的猎物仍然气息尚存，完全可以不费吹灰之力，把幼虫翻倒在地……

一次偶然的机会，我发现一只毛虫被砂泥蜂紧紧追踪，不知道地面上发生了什么的毛虫心情特别复杂，只知道先逃过一劫再说，殊不知当它一来到地上，就被砂泥蜂捉住了，挣扎不得，这下猎手可得意了，跨在这

一只砂泥蜂动作敏捷地制服住了企图逃
跑的毛虫，它得意地跨在这个庞大的猎
物身上。

庞然大物身上，不管三七二十一，用它特有的螯针在猎物身上从头到尾刺
了一遍，对了，还是按照顺序刺的，多么不可思议呀！

　　这是我亲眼所见的事实，况且我赶上的机遇很好，在我心情愉悦、
条件便利的情况下，遇到了这个千载难逢的机会，有幸见证了两者间的较
量，不得不由衷感慨，连科学家也会对膜翅目昆虫的精准动作赞叹不已。
看起来，它们确实具有一种天生的本能技巧，这种技巧是人类所不知道，
也不具备的，只可惜它们只会顺应本性，自然而然地活下去，并不懂得变
通，我们也无法用"物竞天择，适者生存"论来解释它们是如何一代代繁
衍下去的，或许一切都是上天注定的，这就是万杜山上的迁徙者。

第七章

目光敏锐的泥蜂

昆虫档案

昆 虫 名：泥蜂

身世背景：分布在世界各地，种类最多的是节
腹泥蜂，我国的大江南北都分布

生活习性：大多在土中筑巢，大多数泥蜂习惯
独居，少数泥蜂群居生活

喜　　好：幼虫以新鲜的双翅目昆虫为食

绝　　技：攻击力极强，能一击致命地杀死
猎物

武　　器：螫针

伟大的母性

伊萨尔森林是我最喜欢的观察地点之一,它不同于我们平常所说的森林,没有郁郁葱葱的参天大树,只有一人来高的绿色矮橡树,并且分布得很零散。我试图找一把遮阳伞来乘凉,发现这确实不太容易,只好把头插进兔子窝里来寻求凉快。

在这里,你甚至都无法找到木质的植物,放眼望去只能看到漫天干燥的细沙。细沙的流动性很强,因此你在这里看到的地面都是比较平缓的。除非刚下过雨,细沙还有些潮湿,那么路面有时会出现一些坑坑洼洼的小坑。这里是膜翅目昆虫的专属乐园,就让我们一起走进这个广阔的昆虫乐园,去一探究竟吧。

伊萨尔森林是膜翅目昆虫的专属乐园,
它们在这里翩翩飞舞,忙进忙出,日子
过得可充实了。

　　亲爱的读者，如果我们有机会一同坐在遮阳伞下面观看，一定会看到一幅赏心悦目的场面：一只泥蜂突然冒了出来，它先是很随意地停下来，接着开始忙碌起来，迅速地挖着坑。它们行动迅速敏捷，不断有抛飞的泥土从肚子下飞出。这种情况可以持续 5 分钟到 10 分钟，简直令人叹为观止，我还从没见过比它更灵活的昆虫呢。泥蜂的动作轻盈优雅又收放自如，来来回回地忙碌着，就连片刻的歇息也没有。

　　伊萨尔森林的细沙地面土质松软，所以膜翅目昆虫挖掘的洞穴会很快被新的细沙填满。膜翅目昆虫会耐心地将大块的沙石搬到远一些的地方去，但它仿佛并不打算将洞穴挖得更深些。为了弄清楚这是为什么，我又耐心地观察了好几天，终于基本搞清楚了原因。

　　可以肯定的是，地下几寸深的地方肯定存在膜翅目昆虫的窝，在这个窝里有一个卵，也许还有一只幼虫。泥蜂的母亲每天都要用蝇喂养幼虫，就像猛禽需要喂养它的幼禽一样，但猛禽喂养幼禽要简单得多，而膜翅目昆虫每次都要重新开辟洞穴的通道。膜翅目昆虫的幼虫所住的洞穴是唯一不会塌陷的，而通往外界的甬道每一次进出都需要重新挖掘。

　　进洞穴和出洞穴相比较起来，出洞穴比进洞穴更方便一些，出洞穴的时候，膜翅目昆虫能够活动自如，而从外面进来就没有那么容易了，这不仅有它自身的原因，还在于进入时它常常拖着猎物，行动起来并不方便。更可怕的是，一些寄生虫常常会趁此机会把卵产在猎物上，从而进入昆虫幼虫身边，跟它们争强食物，威胁到它们的生命安全。泥蜂的母亲自然也对这些外来者做了防范，采取了一些相应的措施。它把洞穴处较大的沙粒、烂树叶等全部清除出去，好让自己能更快速地进入洞穴。

　　昆虫用这种方式表达了对幼虫的悉心照料，这是动物的母性所在，是一种无微不至的关怀。做完这一切的膜翅目昆虫已经完成了自己的工作，我们再继续等下去也无济于事，只能自己动手，想办法去探测洞穴内部的

情况。我们用刀片慢慢刮开沙丘，可以看到这里有过一个通道，不过没有那么明显罢了。通道只有手指那么粗细，方向随着地势的改变而改变。通道的尽头就是洞穴了，洞穴的主要职责就是要保证在幼虫成长期内房顶不会坍塌，因此洞穴内部的墙壁上并没有什么装饰。洞穴内的空间似乎也不大，只有两到三个核桃那么大。

我们看到，洞穴里躺着一只个头很小的猎物，这是无法满足贪吃幼虫的胃口的。猎物是一只叉叶绿蝇，它是否还活着，我们稍后再来了解，先来看看它长什么样子吧。它的肋部有一个稍稍有些弯曲的圆柱形白色虫卵，这就是膜翅目昆虫的卵。泥蜂已经为它的幼虫准备好了一整天的食物，在这个时间里它只需要守护在窝的周围，保证幼虫的安全就可以了。当然，这时它也可能在周围继续产卵，但它会精心地为每个卵都准备一个单独的洞穴。

带喙的泥蜂和其他泥蜂一样，它们最初的食物都只是一只小小的猎物。如果不相信的话，我们可以随意打开一个刚刚产卵不久的洞穴，都会看到卵紧紧地粘在一只双翅目昆虫的肋部，这些初生幼虫的猎物都很小，也许是这样的昆虫更适合虚弱的昆虫食用吧。

泥蜂在为幼虫准备好食物，产完卵后，便会封闭洞口，再也不回来，这是它最为独特的特点了。产在猎物身上的卵渐渐孵化成幼虫，并且只能靠吃所依附的这只猎物为食。离开巢穴的母亲会贴心地将洞口处整理平整，让别人都看不出这里的地下有个洞穴。

两三天过去了，泥蜂母亲守候着它的巢穴，为新生的小幼虫保驾护航，又或者是到另外一个地方去为它的幼虫储备粮食。但不管怎样，它都没有忘记自己的小幼虫，母亲的本能让它知道应该什么时候再给小幼虫增添食物。它会在那个时间准时回到窝里，更令人钦佩的是，它能准确地找到没有任何痕迹的洞口。它把食物放下后，又要给幼虫准备第三次食物了。很快，幼虫第二次的食物就吃完了，这个时候它的母亲又第三次带着食物进了洞里。

目光敏锐的泥蜂

泥蜂妈妈离开洞穴前，贴心地将洞口处
整理平整，铺上各种遮盖物，好让它不
被轻易发现。

在幼虫发育期的两周时间里，母亲每次都会准时将它所需要的食物
送到，而在过了差不多半个月后，幼虫的食物就要弄得母亲手忙脚乱了。
这时，母亲要不停地去捕捉食物，然后再运回来。从这里我们可以了解到，
泥蜂给幼虫的食物都是新鲜的，不是提前储存下来的，这是一种很不寻常
的饲养方法。前面我们也说过，泥蜂的蜂房里一开始就只有一只小小的昆
虫，从来没有例外过。下面，我们就来看一个能够证明这一现象的有力证
据吧。

让我们来看看膜翅目昆虫的窝吧，如果我们在昆虫拖着猎物的时候观察，会发现它的蜂房里有很多食物，但这个时候它还没有开始产卵，等到把食物准备好了之后，它才会产卵。等到它产完卵，封闭好蜂房洞口之后，就不会再回来了。所以我们要在泥蜂带着食物回到洞穴的时候去观察它的住所，这时洞穴里有一只幼虫正躺在食物的残渣中间。母亲会带着食物让它的幼虫食用，直到幼虫躺在吃剩的残翅断爪上拒绝进食为止，母亲才会彻底离开蜂房。

因为幼虫的母亲每次来都会带一只双翅目昆虫，我们据此可以大致算出母亲一共为幼虫提供了多少食物。但可惜的是，大部分食物都已经被幼虫嚼得粉碎，无法辨认了。如果去观察一个尚在发育中的幼虫的蜂房，我们还可以清点出食物的数量，虽然这时很多食物都被咬成了一段一段的，但完全可以辨认出具体数量来。或许通过这种方法获得的数据并不一定精确，但至少相差不多。这些大得惊人的数据叫我们吃惊，泥蜂母亲得付出多大的努力，才能捕捉到这么多的猎物啊！下面，我们就来具体看一看我统计出的食物清单。

在幼虫不到成虫 1/3 大的时候，食物有 6 只弥寄蝇、4 只彩色蚜蝇、3 只黑服弥寄蝇、2 只粉蝇、1 只蜂虻、2 只带弥寄蝇、2 只花粉蝇，总共多达 20 只。我们根据这些可以大致推断出，幼虫在整个发育期需要的食物有可能多达 60 只之多。我想亲自喂养这小小的幼虫，给它母爱的关怀，提供给它充足的食物，让它每天吃得饱饱的，胖胖的。于是我把蜂房转移到一个纸盒里，安置好幼虫，把食物全都搬了进去。在做这些的时候我小心翼翼，生怕伤害到幼虫。最后，我用双手小心地捧着纸盒回家，一路上尽量不让它受到任何颠簸。

我安全地回到了家，幼虫依然如同什么事情也没发生一般，继续享用着它的食物。几天后，食物被吃光了，它到处搜寻，也没发现符合自己胃口的食物，看来该我出手了。我提供给它的食物是容易捕捉的双翅目昆虫。我把这些小虫子捏得无法呼吸，扔给幼虫，第一次是 3 只尾蛆蝇和 1

目光敏锐的泥蜂

幼虫的胃口很大，还不到成虫三分之一大的时候，就需要消耗掉大约 20 只猎物。

只麻蝇，它们吃得精光。第二天我给它们加大了食物投放量，但依然没有任何剩余，就这样一天天过去，直到第九天时，它们停止了进食，开始结茧。

我仔细算了一下，过去这么多天，它一共吃了 60 多只虫子，再加上原来的那 20 只左右的猎物，总共多达 80 多只，这些小家伙的胃口可真不小啊！

泥蜂并不挑食，能够吃得下各种各样的昆虫。不过有时它们也会有自己偏爱的食物，橄榄树泥蜂特别爱吃蜂虻，大眼泥蜂最喜欢厩螫蝇，跗节泥蜂和朱尔泥蜂比较喜欢虻……看来，泥蜂身上还有许多秘密，等着我们来探索呢。

 幼虫的食谱

我们在了解了各种泥蜂幼虫的食物后，又发现了另一个问题，这些膜翅目昆虫为幼虫提供食物的方式为什么如此奇特，不能一次性把所需的食物都储存好呢？它们如此大费周折地来回奔波，到底是为什么呢？是什

么原因驱使它要在这半个月的时间里来回奔波，给幼虫供应食物呢？最主要的原因还是食物的新鲜问题，在整个生长发育期里，幼虫必须食用最新鲜的食物。前面我们介绍节腹泥蜂、飞蝗泥蜂、砂泥蜂时已经知道，母亲都是让幼虫的食物处于休眠状态的。幼虫的母亲用它们的本能创造了奇迹，使猎物处于半死不活的状态，以此来保持食物的新鲜。

现在就让我们再来做一个实验，看看泥蜂是否也是使用这种精妙的方法来杀死猎物的。我们从即将进洞的泥蜂手里夺过猎物，这些猎物绝大部分是纹丝不动的，就如同真正死亡了一般。但事实证明，猎物们大多不是被杀死的，而是被泥蜂的毒刺麻醉了，所以看上去就如同死了一般，我也不知道它们到底是死了还是依然活着，这还得看猎物自己的生命力有多顽强了。

我们将飞蝗泥蜂捕获的猎物放在一个小纸杯或玻璃管中，过了好长一段时间以后，这些猎物的肢体还能够弯曲自如，内脏什么的也没有损坏。

泥蜂即将把一动不动的猎物拖进洞里，庞大的猎物躺在地上一动不动，看上去就像真的死了一样。

这是猎物的身体被麻醉了，无法自动清醒过来，但是它们还活着，具有生命特征。这证明猎物并不是真正的死尸。而双翅目昆虫（泥蜂的猎物）则完全不同，所有泥蜂的猎物在被带回来几个小时之后，生命特征就逐渐消失了，这意味着它们是真正死亡了。由此我们可以断定，泥蜂的猎物在被搬运回来时，已经没有了生命特征。或许是泥蜂使用螫针的技术还不到家吧，又或者是因为一些我们不知道的原因，它们彻底杀死了猎物。

这些死亡的猎物只能储存 2 天左右，而幼虫的发育期至少在半个月以上，因此幼虫的母亲只能不停地去捕捉新的食物来给它的幼虫补充新鲜的食物。随着时间的增长，它要忙碌的时间也更长了，只有在准备好幼虫的第一份食物后可以稍微空闲一会。毕竟新生的幼虫食物量不大，因此泥蜂幼虫的第一份食物相对来说可以少一些。幼虫的第一份食物通常是一些柔软、体积娇小的昆虫，随着时间的变化，幼虫的食物也会发生改变。

幼虫的母亲每一次离开洞穴都会把洞口牢牢堵上，这是为了幼虫的安全着想。但在幼虫母亲回来的时候，总有一些不知死活的家伙前来凑热闹，不过它们很少得逞，目光敏锐的母亲能很快识破它们的诡计，并且巧妙地躲开。看来，泥蜂也是十分聪明的。

还有几个问题我搞不太清楚，掠夺者为什么要直接把猎物杀死呢？是由于它的技术不够高吗，还是因为它受自身条件的限制无法做到？我承认我的技术比较差，我曾经尝试用一根针尖把一小滴氨水注入吉丁、象虫、金龟子的神经节中，试图麻醉它们，但结果都失败了，它们都被直接杀死了。对本能指引我有一种盲目的信任，我曾亲眼看到过昆虫在本能的指引下，完成过许多比这更困难的事情，所以我还是不大相信它们会被这件小事情难倒。我信任泥蜂的捕杀技能，丝毫不怀疑它的技术手段，我认为猎物死亡一定另有其他原因。

准确地讲，双翅目昆虫是十分瘦弱的，用螫针来对付它，就单单是长时间的蒸发作用，就能够让它的身体被蒸干。让我们仔细地再来观察一下这个小小的昆虫，它的体内成分只有很少的一点，甚至这么一点也勉强

一只吉丁趴在宽大的翠绿树叶上，一动不动，看上去像是睡着了一般。

用来蒸发水分了。它的体型决定了它如果不能及时得到营养补充，用不了几个小时就会被蒸发掉。这样的食物能够做储存吗，假若能储存又可以储存多长时间呢，这是一个值得探讨的问题。我们可以从泥蜂捕捉猎物的方式来寻找答案。我们从泥蜂的爪子上抢来的猎物，都留有激烈搏斗的迹象，有的脖子被扭断了，有的身体上被弄得乱七八糟，更有的甚至缺失了身体的某一部分。不过在大多数情况下，猎物的身体都是比较完整的，很少有残缺的尸体出现。

从前面的内容我们可以知晓，猎物是长着一对翅膀的，即使它们打不过对方，逃生的机会还是比较大的，所以泥蜂要顺利捕捉猎物，必须进行突然袭击。在这种情况下，要想仅仅麻醉而不杀死猎物是非常困难的。它不像节腹泥蜂、飞蝗泥蜂、砂泥蜂那样容易得手，这些昆虫的猎物都是笨拙或肥胖的，防御能力并不强，它们有足够的时间把毒针刺入那个合适的位置，可以镇定自若地去做这件事情，不用担心猎物会趁机逃掉。但对于泥蜂来说，可就没那么幸运了。它的猎物警惕性很高，听到一点儿动静就可能马上逃跑，很难及时被追上。因此，膜翅目昆虫必须不惜一切代价，先把猎物捕获再说，假如以上这些推测都能成立的话，我们就可以很好地解释为什么泥蜂的猎物都是死的，至少被伤得很严重，而不是被麻醉了。

事实证明，上面的推测是完全正确的，连猎鹰都禁不住被泥蜂进攻时的凶猛劲所折服。现在我们还需要解决一个问题，即如何观察到泥蜂捕捉双翅目昆虫的全部过程，这可不是件容易的事儿。我曾经傻傻地待在泥蜂的洞穴附近，想要观察到掠夺者捕捉猎物的全过程，最终也只是白白等了一场。它们的速度太快了，我根本没机会细细观察整个捕猎过程。而在这时候，有一个物品帮了我一个大忙，这个物品就是我的遮阳伞。也许大家会感觉不可思议，但事实就是这样，就是因为它我才能观察到了泥蜂的整个行凶过程。

很多伙伴都会和我一起来到伞下乘凉，我并不是孤单的一个人。各种虻都躲到了这把丝质的伞盖下面，在撑开的丝布上，它们安安静静地待着，有的在这儿，有的在那儿。天气炎热的时候，我总是和虻在伞下作伴，无聊的时候也会花些时间去观察它们。事情发生在另外一天，那一天，我听到我的丝质伞盖发生巨大的响声，就像被人恶作剧地锤砸一般。不大一会儿，这种声音开始越发密集起来，我只好起身去看看到底发生了什么事。刚开始我并没有发现什么异常，但就在这时，更猛烈的声音传来了，我终

一只泥蜂虎视眈眈地盯着面前的蟋蟀，想要捕捉它，这可不是件容易的事儿，蟋蟀看上去比它大得多，又长着一对会飞的翅膀。

于在伞顶的位置找到了罪魁祸首。它就是我正在想着的泥蜂，伞下的虻正是它们的猎物。这时，掠夺者毫不客气地开始了它的捕猎活动，当然我也终于如愿以偿，看到了梦寐以求的整个过程。整个过程很激烈，双方斗得死去活来，看得我眼花缭乱，根本分不清到底是泥蜂在攻击猎物，还是猎物在攻击泥蜂。战斗刚开始没多久，马上就有猎物被泥蜂拖走了。虽然其他的猎物因此感到有一些恐慌，但还是舍不得离开这把伞，毕竟外面的天气太糟糕了！

我发现，在如此快速而出其不意的进攻下，泥蜂根本来不及使用它的匕首，而是选择了使用威力最强的螫针。但在使用螫针的过程中，它没有时间去考虑刺入哪个位置，得先把猎物捉住才行，完全顾不上它的死活。我个人认为，猎物遭受到如此迅速而猛烈的攻击，很难是活着的了，所以泥蜂母亲只能不断为幼虫提供刚死不久的新鲜猎物。

现在，让我们再来观察另外一个画面——膜翅目昆虫拖着猎物进洞的情形吧。跗节泥蜂的窝建在一个底部铺着沙土的竖直边坡脚下。这时，一只跗节泥蜂拖着蜂虻向洞穴飞来了，它一直在鸣叫，并且不停地上上下下来回好几次。到最后，膜翅目昆虫果断地停在了某一处，这处地方看上去并没有什么特别之处，至少我是看不出来的。在我看来，膜翅目昆虫要找到它原来的洞穴是非常困难的，因为它根本没法区分自己的洞穴入口与别的地方有什么区别。但结果令我大吃一惊，膜翅目昆虫停下来以后没有任何停顿就钻进了沙里。答案呼之欲出了，那里就是它以前的洞穴。难道是它的触角起了巨大的作用？但我丝毫没有发现它有用过自己的触角呀，所以我也没弄明白这到底是怎么一回事。

为了观察泥蜂如何回家，我做过不下百次实验，结果都是令人失望的。泥蜂每一次都能快速而准确地找到洞口，这个洞口我又发现不了任何的痕迹。每次离开前，泥蜂都会把周围修葺得完好无损。它耐心地填平周围的塌陷，小心地将地面扫得平平整整的，这才放心地离开。我敢这么说，当泥蜂离开后，就算目光再敏锐的人，也没法不做任何标识就找到它。为了

泥蜂具有一种特殊的本领，不管你将它带到
多远的地方，它总能找到回家的路。

能顺利找到洞穴，我有时会将一根秸秆插做标记，可惜有时秸秆会被修葺洞口的泥蜂弄倒，或者被它弄到别处去，而我便再也无法凭借我有限的记忆力找到洞穴口了。

目光敏锐的母亲

母亲能细心地观察到孩子一丝一毫的变化，那是一种特殊的感觉，是无法用语言描述的。你瞧，泥蜂母亲带着猎物在洞穴上空盘旋打转，发出一阵阵号叫声，到底发生了什么事情？它为什么停在洞口犹豫不决，为什么不直接进入洞中一探究竟呢？

一般情况下，昆虫只有在遇到危险时才会哀鸣、盘旋不定，难道它的敌人出现了？这敌人指谁呢？是我吗？不可能呀，我从未主动攻击过它。原来它全力避开的敌人正在洞穴附近等待着它呢。那是一种微小的昆虫，是一种小蝇。可泥蜂为什么会害怕这么小的东西呢？它看上去可比泥蜂小太多了，有什么值得害怕的？泥蜂的身手如此敏捷，为什么不快速杀死它，而要像老鼠一样慌忙逃跑呢？我不理解，毕竟这个入侵的小不点实力大不如泥蜂，它为什么不能挺起胸膛，勇敢捍卫自己的权利呢？我想这大概就是生物世界的奇妙之处吧，既然这种微小的昆虫能存活在这个世上，就一定有它独到的本领，那么泥蜂害怕它，敬畏它，也是可以理解的，或许它的这种独特本领正是泥蜂的软肋呢。

接下来，我们再来讲一讲有关这些小寄生虫的事情吧。泥蜂的窝里时常同时居住着自己的幼虫和寄生虫的幼虫，这并不奇怪，而且寄生虫的幼虫总喜欢抢夺泥蜂幼虫的食物。这些外来户个头微小，数量时多时少，根据它们的外表和成蛹事实我们能够判定，它们属于双翅目昆虫，它们跟

泥蜂妈妈带着猎物盘旋在洞穴上空，迟迟没有进去，到底发生什么事情了？

主人的幼虫一起成长，一起蜕变成成虫。

泥蜂比较害怕这种偷偷待在洞穴门口的昆虫，这是为什么呢？这位母亲每天辛勤地工作，忙着给孩子准备食物，如果这时再来些入侵者跟自己的孩子抢夺食物，那它怎么会不担心害怕呢？

如果寄生虫和泥蜂幼虫一直和平共处，那倒也罢了，不过这怎么可能呢？一位母亲怎么可能供养得起那么多不速之客呢？自己孩子都还不够吃呢，何况还得负担这么多贪吃的外来者呢？就算两者要抢夺食物，最后饿肚子的也一定会是泥蜂的幼虫，毕竟它不如外来者长得快。就算这些外来者成了蛹，不和幼虫争夺食物了，保不齐还有另一批外来者偷偷进来抢夺食物呢。所以泥蜂的宝宝总是面临着重重危机，特别是洞穴里的食物匮乏时，这些幼虫有时会面临被外来者狠狠吃掉的危险，因此一旦看到外来者在泥蜂洞穴附近，泥蜂就会感到十分害怕！

遭受外来侵犯的并不只有泥蜂，不论哪一种膜翅目掘地虫的窝都有可能被侵犯，外来者的手段太无耻下流了，它们等膜翅目掘地虫准备食物时把卵偷偷产在猎物身上，再跟随着猎物被带到封闭的洞中，从此就和主人的幼虫一起生活，一起成长了。

泥蜂与上面的情况有所不同，毕竟在喂养后代的过程中，它会经常回窝，它能亲眼看到很多外来者正在抢夺它带回来的食物，看到自己的孩子和这些家伙生活在一起，这些幼虫母亲都能亲眼看到，可是让人惊讶的是，这位母亲没有把它们赶走，而是很和气地收留了它们，怎么会这样？我百思不得其解。

收留并且好好喂养它们，还有可能充满母爱地照料它们，泥蜂这是怎么了？难道它看不到这些外来者对自己孩子的威胁吗？为什么还对它们那么友善，难道这位母亲天性善良，不肯伤害这些小家伙？它收留了外来入侵者，还细心呵护，它本是猎手，还把食物分给猎物享用，而这猎物还不一定懂得感恩，不一定什么时候就把泥蜂的孩子吃了，这种不同寻常的联系，我很难想明白，就留给后来者探索吧！

　　让咱们再来仔细瞧瞧弥寄蝇是怎样在掘地虫的窝里产卵的！就算泥蜂洞穴的大门敞开着，主人也不在，这些家伙也不会选择在这时候入侵，它们是很滑头的，一直在等待最佳的时机——膜翅目昆虫拖着食物进窝的时候，或者泥蜂的身体刚进入窝里一半左右时。这时，弥寄蝇会飞奔而来，抓住露在泥蜂身后的猎物，迅速产卵，将卵一个接一个地产在猎物身上。这些狡猾的小家伙，简直堪比狡猾的狐狸了！

　　膜翅目昆虫身上带着猎物，行动蹒跚，小蝇抓住这个机会就足以干坏事了。它们飞快地跟随泥蜂进入洞中，而傻傻的泥蜂还毫不知情呢。之后，小蝇懒洋洋地晒晒太阳，拍着小脑袋瓜琢磨怎么继续干坏事。如果你对小蝇产卵有些怀疑，大可以把猎物身上的小圆点取出来喂养，你会发现，这些小圆点最终都会成为蛹，蜕变成小蝇。

　　这些寄生虫在产卵前是做了十分充分的准备工作的，选好时机是最重要的。因为只有在膜翅目昆虫进入洞穴一半左右时，它才无法看到身后敌人的恶劣行径，毕竟过道那么狭窄，即使担心有外来者也无能为力。而

泥蜂的洞口敞开着，可周围的几只弥寄蝇并没有径直闯进去，它们狡猾得很呢，在等待一个绝佳的机会。

且小蝇动作那么麻利，还没来得及被发现，就逃之夭夭了。再说，泥蜂还是很警觉的，一旦在洞外就发现有小蝇埋伏，它们是绝不会进洞的。

等待入侵的小蝇数量一般不多，只有几只，全都武装起来，在沙上动也不动，目不转睛地看着洞口，静静等待着泥蜂的到来，如同一群等待做坏事的强盗。这时，泥蜂带着食物回来了，如果没有发现什么异常情况，它会马上回到洞穴。可它在高空迟疑不决，盘旋着，发出哀鸣般的声音，显然是意识到有危险，这时双方都已经明白遇到了对手。泥蜂以一种悄无声息的方式轻轻飞了下来，它的飞行工具——翅膀如同降落伞一样，说时迟那时快，小蝇们蜂拥而上，跟在泥蜂后面紧紧追赶，泥蜂到哪它们到哪，像一群无赖，缠着这位泥蜂母亲。不过，它们不会一下扑过去，毕竟它们想得更长远，还得要产卵呢！

有时泥蜂被小蝇们追赶得烦极了，就停在地上，这时寄生虫也停下来，步步紧逼。膜翅目昆虫发出一声号叫，又重新飞起来，它更加讨厌这群寄生虫，怎么办呢？只能看最后的办法了：泥蜂拍拍翅膀飞了起来，飞到远处，或许它想通过这种方式把寄生虫引开，不过这群寄生虫也不傻，它们没有跟着飞，而是待在洞口继续等待。当泥蜂母亲回来时，追赶又开始了，这位母亲有些不耐烦了，心里乱糟糟的，放松了警惕，这时小蝇们蜂拥而上，迅速在猎物身上产下了卵，它们成功了。

不过，这时泥蜂母亲也发现中计了，它知道寄生虫们干的坏事，千方百计想要摆脱寄生虫的纠缠，这点从它的逃跑和犹豫之中可以看得清晰无比。不过，为什么泥蜂不先放下猎物，然后重点对付这些外来侵犯者呢，或者干脆把这伙寄生虫给活捉了？为什么它不这样做，而要一味地躲躲藏藏呢？或许是因为它不懂得这样做，自然界的规律也不允许它反击，它总是逆来顺受，也不知道如何打击入侵者。有一次我看到泥蜂在寄生虫的逼迫下，丢掉了食物，但它没有表现出任何不友好。食物就被丢弃在光天化日之下，但双方就像没看到一样，毕竟小蝇产的卵只有在洞里孵化才会有价值，而泥蜂看到这种情况也觉得食物不再安全了，没有必要再拖入洞穴，

为了摆脱烦人的弥寄蝇，泥蜂妈妈只好停在半空中，迟迟不归家。

只能摇摇头放弃了。

接着，我们来了解一下幼虫的小故事吧！幼虫在半个月内，除了吃饭、长肉以外，也没什么事情可做，无聊极了。当结茧的时候到来时，幼虫还小，没法结茧，不如砂泥蜂和飞蝗泥蜂用丝结的茧结实耐用，还可以防潮。泥蜂的窝与它们的不同，它的窝很浅，容易渗水。所以它就想方设法把沙砾混合，用丝质材料牢牢粘好，好让自己的窝也变得坚固防潮。为了将来蜕变着想，它们通常采取几种有效的方法结茧：节腹泥蜂会在很深的地下建窝，它们的茧通常很薄；飞蝗泥蜂会在坦露的地下建窝，窝较浅，不过它们有足够的丝来包裹茧；泥蜂会用沙砾结好窝，以弥补丝的不足，所以结出来的茧结实、紧密，外表粗劣，内部光滑。

因为我在家喂养幼虫，因此得以观察到了这种建筑物的奇特之处，了解了它的每个建造细节。这可真是个保险柜，幼虫待在里面十分安全。幼虫首先把吃剩的食物残渣排泄到身体旁，然后开始清理屋子，将这些残渣运到房间的角落里。打扫干净房间以后，幼虫在房间的隔墙上钉上如同蜘蛛网一样的白丝线，这些线不仅可以隔开堵塞的食物，还可以当下面工作的脚手架。

　　紧接着，就是在墙壁中央的丝线上做一个吊床，这个吊床很安全，脏的东西都碰不到。吊床的形状很特别，一头有一个大圆口，一头闭合成尖尖的，圆口周围有很多丝线，丝线从圆口往外伸展，分别伸到周围的墙上去。这个袋子很透明，里面的情况我可以看得清清楚楚。

　　这种情况一直持续了下来，突然，我听到一些细小的声音，原来是幼虫正在啃咬纸盒子。因为周围没有沙土，它只好咬碎纸盒子作为建筑材料，看到这种情况，我连忙找来一些沙土放在旁边。

　　为了促进后续工作的开展，它们将吊床水平放置，食物也放在旁边。幼虫精挑细选着沙砾，用丝质水泥把沙砾牢牢粘住。不过它挑选的沙子只够造茧的前一部分，造茧的后半部分时它又重新挑选了一些材料，它很聪明，还用黏结的沙砾做成帘子，以防发生坍塌。紧接着，它继续自己的工程，又挑选材料，还把刚才的门帘子拉开一点，方便材料运进来。造茧工作还在继续，粗的一头还开着，还需要在整个茧上面罩一个球状保护膜。为了这个建筑，幼虫克服重重困难，组成了一个沙堆，接着它把沙子放到门前，编织着丝罩，于是，丝罩和吊床的口连在了一起，基本上工作就完

织茧时，幼虫精挑细选着沙砾，用丝
质水泥把沙砾牢牢粘住。

成了。接下来，幼虫只需再装饰一番内部环境就可以了。

由此可以看出，丝质口袋及球形罩都是起支撑作用的，就如同建筑物建造需要的脚手架一样，用完后就可以收起来。那么，小幼虫是怎么处理丝质支架的呢？原来呀，一部分丝质支架被损耗掉了，而剩下的则被它们藏了起来了，这是一群聪明的小家伙！

罩在吊床上的球形罩编织工作是独立进行的，随后才跟茧的主体连接在一起。虽然连接和黏结进行得很顺利，不过跟主体部分相比还是稍显松散，因此罩子周围多了一条用来增加牢固度的环形线，这可是这座建筑的突出特色，一般昆虫的茧还没有呢！昆虫破茧而出时会遇到很多困难，毕竟墙壁又硬又厚，不容易被冲破，而这层线可以帮助它节省很多力量，因为幼虫破茧而出时，罩子就是从这条连接线处开始裂开的。

我之所以把茧称之为保险柜，是因为它很牢固坚硬，材质也不错，球形罩子也有助于支撑，无论遇到什么样的塌陷，它也会安然无恙。幼虫的窝建在土壤中，房顶有一天肯定会塌陷，不过没关系，它藏在最牢固的那一层中，可以安然无恙地成长。我以前做过一个浸泡茧的实验，将茧泡在水中大半个月，但它的内部竟然没有一点儿问题，幼虫还安安稳稳地待在里面，舒服着呢！要是我们人类也有这样先进的防水材料，那该有多好呀。看着这美丽卵形的茧，我欣慰地笑了。

 "回家"

小小的砂泥蜂本领可不一般，它虽然从下半天才开始挖洞，但仍然挖洞、盖盖子，一样工序也不曾落下，而且能在第二天带着猎物准确地找回来，即使有时候它同时挖掘了好几个洞穴。对于人类来说，要准确找到头一次到过的地方也不容易，得提前做上许多记号、标记，才能摸索着找到原处。而这一切对于砂泥蜂来说简直轻而易举，仿佛冥冥之中有一股看

不见的力量在指引着它，指引着它回到建窝的地方，犹如人们的第六感，找不到在哪，但可感觉到事情的发生。我想对砂泥蜂的这一行为探个究竟，下面就看我的吧！

栎棘节腹泥蜂是我的第一个实验对象，上午时我在同一地点同一窝蜂群中抓来了十多只雌节腹泥蜂，然后把它们单独封闭装了起来。做完这一切后，我带着它们走到离窝较远的地方，在它们的胸部做上标记，接着将它们放飞了出去。获得自由的泥蜂们飞得到处都是，可是它们还没飞多远，便又飞回到草叶上，瞅瞅这瞅瞅那，最后竟然又朝着自己的窝屁颠屁颠地飞去了。过了一会儿，我回到它们的窝瞧了一下，其中有两只做记号的泥蜂正满头大汗地忙乎着，还有一只抱着一只大猎物从农田中慢悠悠地回来了。它们还在继续返回，我没有再等下去，有好几只已经顺利返回了自己的老窝，这足以说明一切问题了，我猜剩下的小泥蜂们也正在返程的路上了吧？这个小实验证明了，它们虽然来到陌生的地方，但依然找得到回家的路。

刚才我把泥蜂们带到了离窝2公里左右的地方，是不是再远一些它们就回不到家了？于是我偷笑着，这次看你们怎么办！我从第一次做实验的

一只栎棘节腹泥蜂抱着比自己大得多的猎物，从农田中慢悠悠地回来了。

那个窝里又抓了几只可怜兮兮的雌节腹泥蜂，其中有几只已参加过第一次实验。我还是把它们独立分装起来，放在一个乌黑乌黑的小盒子里，我的出发地点离它们的老窝大约3公里，是附近相邻的一个市镇，当时天色也暗了下来，我决定让它们在此过夜，第二天再行动。第二天清晨，我早早起来，为了与第一天做过实验画一个白点记号的昆虫区别开，我把这些泥蜂都画了两个白点，来到它们从没到过的市镇大街上，放了生。它们终于逃脱了我的魔掌，获得了自由，开心地直冲云霄，奋力一蹬，朝南迅速飞去。令我惊讶的是，它们好像知晓一切那般，共同朝着窝的方向飞了过去！我赶紧回到它们的老窝，想看看它们是不是已经回了家！我看到几只参加第一次实验的泥蜂，但没有看到一个身上有两个白点的泥蜂，这是怎么回事？难道它们遇到什么麻烦了，还是真的找不到回家的路了？到了第二天，我又蹲在它们的老窝旁，等待它们回来，太兴奋了，我看到了其中几只两个白点的泥蜂正忙碌着，好像一切都没有发生过。3公里，熙熙攘攘的人群，密密麻麻的高楼大厦，对于这群小泥蜂而言，距离已经够远了，但它们依然回到了自己温暖的家！

假如泥蜂们被发配到完全陌生且辨别不清方向的地方，它们还能不能凭借自己高超的记忆力返回老窝？按道理说是不可能的呀，我把它们封闭装在乌黑乌黑的箱子或盒子里，它们怎么可能看得见东西呢？它们都不知道自己身在何处，也无法辨别方向，可它们还是准确地回到了家，是为什么呢？那是一种与生俱来的直觉，一种人们无法解释清楚的高超本能，正如人们有时会说的"天意"如此。

在它自己的本能范围内，我想证明它们的敏捷和准确，可是一旦有意外或偶然事情发生，它们又显得那么局促无助，这也许就是动物本能和与生俱来的两面性。下面就来看看具体情况！

一只母蜂到处查探，终于发现一只幼虫的猎物，费了九牛二虎之力把猎物带回来了。泥蜂离开时把洞口附近的沙土扒过来堵住洞口，在漫无边际的土地上对我们来说找到洞口比登天还难，可是对泥蜂来说简直小菜

第七章
目光敏锐的泥蜂

一碟，这个我们前面早就具体说过了，这里就不再过多解释了。

不过，趁它还没回来，我们来给它捣捣乱吧！我在洞口压了一块石板，看它能怎么办！过了一小会儿，母蜂回来了，它很自信地冲向了石板，想通过挖掘进入洞穴，不过很遗憾，石板太硬了，根本挖不动。它的小脑袋这瞧瞧那看看，最后干脆直接从石板下面开始挖了。真是的，看来这样是阻挡不了它的，再想想别的法子吧。这时，它已经快要挖到洞穴了，我赶紧把它赶到了别处。借此机会，我把身旁牲口的新鲜粪便移过来，弄碎放在洞口，哈哈，这下看你怎么办！它一定没有见过这么脏，这么臭的东西，我在心里偷偷地笑。说曹操曹操到，泥蜂回来了，在空中如同战斗机般侦查了一番后，立刻飞到那团粪便上，很轻松地找到了洞口。我又一次抓住并把它残忍地扔了出去，虽然它的窝已被搞得一塌糊涂，但它还是很自然地找到了自己的窝，这证明了什么？这不就证明这家伙不仅仅是靠眼睛和记忆力来找寻自己的窝的。难道是靠灵敏的鼻子——嗅觉？不可能呀，毕竟这儿的气味够难闻的了。难道它还能区分味道？正好我随身带着一点儿乙醚，我用青苔替换了粪便，在上面洒了一点乙醚，然后赶紧撤退，静观其变。这时母蜂回来了，一开始它还不太敢靠近，不过一会儿后就不管

一只泥蜂准备离开洞穴了，它正把周围的大块沙石移动到洞口处，好让别人无法发现隐藏的洞穴。

三七二十一了，一头扎进去，寻找它的窝了。这说明什么，嗅觉阻挡不了它回窝的脚步，一定还有什么更高级的东西指引着它！

一般来说，昆虫的触角才是指引方向的器官，前面我们做过一个实验，在膜翅目昆虫寻找窝的过程剪断了它的触角，可它依然回到了洞穴。下面我们要再试一次。我抓了一只母蜂，把它的触角剪断后放了，它被我吓了一大跳，蹿的一下跑了。我等呀等呀，以为它不会回来了。可是还没等我反应过来，它便准确地飞向了那个被我整得面目全非的老窝，我用一块卵石盖住了洞口，还是没有办法诱使它上当。这一次我没再把它移开，而是让它安安稳稳地进了洞。

我对这个可怜的泥蜂做了那么多坏事，把它的老窝整改得面目全非，还对它的触角做了手脚，然而它还是那么聪明灵敏，找到了自己的窝。我想，这家伙是不是有特异功能，什么都难不倒它？不过，几天以后的一次实验，让我对它的特异功能产生了怀疑。我打开了泥蜂的窝，并且没有怎么破坏它的本来面目，只是把它的窝盖掀了，就如把一所房子的屋顶给端了一样。它的窝比较浅，等我把屋顶刮平以后，小窝就成了一条有直有弯的沟渠状小沟，洞口一端可自由出入，另一端则有幼虫待在里面，呈闭合状。现在，它的窝完全沐浴在温暖的阳光之中，随后我把幼虫的猎物拿走，等着瞧，这次看你怎么办！它回来了，回到了那个让它牵挂的，但已经没了屋顶的家。它很努力地寻找自己的洞穴，可是它在这挖挖那掘掘，还是没有成功进入窝内。它一直在洞口原来的位置寻找，它很纳闷，这是怎么了？一次次地对附近进行巡查，依然没有发现洞穴，我试图给它提个醒，让它赶快找到自己的窝，我用草根拨弄着它朝向沟渠，希望能帮助它。不过，它虽然注意到沟渠，甚至差点扒拉到幼虫，但依然固执地认为它的洞穴不在那儿，返回原处继续寻找。

这是怎么了？难道就因为窝被改装了一下，就认不出来了？如果这时它看到自己的幼虫会怎样呢？我百思不得其解，它的思维方式怎么这么难懂呢？

一只母蜂的触角被剪断了，但它依然准确
地找到了隐蔽的洞穴。

　　如果还用刚才的泥蜂做实验，效果肯定还是相同的，我决定换一只泥蜂做实验，这样它才能在全新的状态下展示自己。前面已提到，我只是把泥蜂的窝顶端了，其他的东西没变，幼虫还在原处，猎物也好好待着呢！这个小窝暴露在阳光之下，幼虫、储藏室、巷道、前庭井然秩序，幼虫因为暴露在阳光之下被晒得翻滚抽动，可是母蜂依然不为所动，依然固执地寻找原来的洞口，在那儿附近打转转，又是挖又是刨。而此时此刻，幼虫正遭受百般煎熬，它被晒得直打滚，这位母亲终于看到了自己的孩子，可是它如同看到一粒沙子、石块一般，根本不把它放在眼里，作为母亲，怎么可以如此狠心、如此顽固不化呢？一直苦苦寻找的孩子就在眼前，它却视而不见，只是一味地寻找以前的一条道路，难道它认不出自己的孩子，看不见它正在遭受巨大的苦难吗？为什么母蜂会如此残忍？接下来的一幕着实吓了我一大跳，泥蜂不仅没有认出自己的孩子，而且还觉得幼虫是个大障碍，匆忙之中竟然从孩子身上踩了过去。可能它觉得幼虫躺在这里，碍手碍脚的，时不时还会上去踹它一脚。难道它把自己的孩子当成了一块

泥蜂母亲惊恐地飞走了，就在刚才，它与自己的孩子发生了一场激烈的争斗。

多余的障碍物？而幼虫在遭受如此粗暴的虐待后，开始撕咬母亲的身体，如同啃咬它的猎物一般。双方进行着激烈的争斗，这位母亲也害怕极了，它拍打着翅膀，慌忙逃跑了。孩子伤害自己的母亲，母亲也六亲不认，践踏自己的孩子，我在这儿亲眼见识了这个场面。结果就是，母亲还会继续徒劳地搜索，幼虫在炽热的阳光下被晒成了猎物的美味，而我亲手制造了这一场惨剧……

这就是昆虫们的本能，在它们的小脑袋里，有些东西是按照一定的顺序进行的，它们必须先找到洞口，再进去找自己的孩子，当意外情况发生时，它的储藏室、幼虫和猎物都安然无恙地待在原地，可是它还会一味地寻找那个熟悉环境中的小门，如果找不到这些，它就算看到自己的猎物和孩子也无动于衷，就像一个设定好的模式，前面的步骤没有做完，后面的行为也很难继续下去，这就是动物的本能，如果有一天它受到智慧的引导，也许会直接救出自己的孩子，而不是因为本能一直在原地打转，这就是智慧和本能的差异。

第八章

筑巢能手

——石蜂

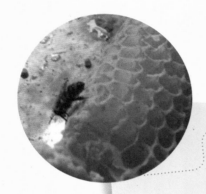

昆虫档案

昆 虫 名：石蜂

身世背景：主要生活在埃特拉地区，其他地方也有分布

生活习性：喜欢生活在安全性好、阳光充足的地方，会采用优质的矿脉建窝，擅长筑巢

喜　　好：喜好吸收花粉，工作十分勤劳

绝　　技：弱小的它能采集坚硬的石粒

武　　器：天生具有三根毒螫针

第一次看到筑巢蜂

和石蜂相识是一种缘分，那是发生在很多年以前的事儿，下面我就来为大家说一说这段故事。

当时我刚毕业，血气方刚，踌躇满志，带着自己的一份美好憧憬，跨进了一所边远地区高级小学的大门。一踏进校园的大门，我便被眼前的学校面貌惊呆了，那儿的条件很恶劣，教室黑暗潮湿，监狱般的窗户，连像样的桌椅板凳都没有。那里的孩子们也很调皮，文化水平也与城市孩子有一定差距，对于我这个新来的老师来说，新工作确实压力不小。但此时我那股不服输的精神劲又来了，绞尽脑汁地想出各种办法，根据每个学生的不同特点来教学，布置适合他们的作业，渐渐地，孩子们越来越喜欢我，我的学生人数急剧增加，只得找了个助手，才稳定住乱哄哄的秩序。

这所小学本身的教学质量很差，有时老师们对一些问题也一知半解，更不用说给孩子们上课的效果了。有的老师不懂装懂，对孩子们的课程几乎就是忽悠过来的，尤其是那个物理老师，他竟然都不知道晴雨表的长管是张开还是闭合的，这样的老师能教好学生吗？也难怪孩子们会乐意跟着我这个喜欢自掏腰包给他们买教学用具的小老师。

孩子们特别喜欢在田野中学习几何，五月绿草如茵，树木郁郁葱葱，满山遍野的花儿也在微风中笑呵呵地跟我们打着招呼。每周我都会带着孩子们外出一次，我们离开阴森的教室，扛起引以为豪的测量工具，来到一块空旷辽阔的平原上开始学习，孩子们忙着摆形状、测量多种图形距离，别提有多高兴了。但有一件事令我很困惑，为什么孩子们做测量时总是三心二意的，似乎是在寻找着什么，而且他们的们嘴上总会叼着一根麦秸，这到底是为什么？

五月绿草如茵，树木郁郁葱葱，满山遍野的花儿也在微
风中露出了美丽的笑脸。

原来，这些爱探索的孩子发现了大黑蜂窝里酿的甘甜的蜜，于是我这个想尝尝蜜滋味的老师也加入了他们的搜罗队伍，把测量工作暂时放到了一边。就这样，我兴奋地看到了这种以往毫不了解的筑巢蜂，也弄清楚了它们的起源历史。

这种昆虫美丽大方，有着深紫色的翅膀，披着乌黑锃亮的外衣，总是在辛勤地建造自己的小窝。它甘甜的蜜给孩子们带来了欢乐，趁此机会我也想多认识一下这种昆虫，长长自己的见识。

我的学生们只教会我如何掏蜂蜜，对于别的我一无所知。不过我很幸运地发现了一本《节肢动物自然史》，里面记载的全是这方面的知识，丰富又生动。我实在太想阅读它了，于是狠下心来，花掉一整个月的工资买下了这本书。我一头扎进这本书中，废寝忘食地读了起来。在这里，我了解了黑蜂，也知晓了很多昆虫的细节，看到入迷时甚至会偷偷设想，会不会有一天我也成为这方面的专家？废话少说，我们还是先来瞧瞧黑蜂吧！

黑蜂在希腊语中的意思是用石子等建筑材料建成的房屋，作者用它来命名筑巢蜂形象生动，简直再合适不过了。在我的家乡，这种蜂又分为西西里石蜂和高墙石蜂两种，对高墙石蜂作者在书中已经有所描绘，而西西里石蜂则是埃特拉地区所特有的，不过据说在其他地方也曾出现过。五月的沃克吕兹鸟语花香，高墙石蜂也开始出来活动了。这种蜂的雌雄性颜色差异很大，雄蜂身披铁红色衣服，而雌蜂则穿着一身黑衣服。西西里石蜂属于小个子，雌雄蜂颜色差不多，只有细微的差别。这两种蜂都是五月份开始忙碌起来的，生活在北方的高墙石蜂一般会选择在安全性好、阳光充足的地方建窝；而在南方，有的石蜂也会选择在卵石上建窝，或许是因为这儿黏结着红土的卵石数量巨大，方便找寻。如果恰巧实在找不到卵石，它们就会把窝随便建在田野或围墙的石头上。西西里石蜂选窝时范围更广，它们喜欢把家安在屋檐的瓦片下，而且春去秋来，代代相传，形成了群蜂荟萃的壮观场面，窝的面积也逐年增大，甚至可达到好几平方米。它们忙碌着，乱飞一气，还嗡嗡叫着，简直不堪入耳。高墙石蜂也很乐意在被废弃的窗洞里筑窝，尤其喜欢便于出入的百叶窗。这儿群英荟萃，大伙儿一块劳动，干得热火朝天。不过有的西西里石蜂很是奇怪，它们可不管窝底座的材料质地，可以随便找地方建窝。它们的窝有的像杏子一般大，有的则如同鸡蛋一般大。

这两种石蜂的建窝材料都差不多，它们喜欢用唾液拌好干土粉，再用点沙子牢固地把小窝粘结实。西西里石蜂很喜欢经过人来人往、车水马龙踏平的石灰质卵石路，这里便成了它的材料基地。在烈日炎炎下，石蜂们热情高涨地忙碌着，来来往往，寻找着合适的材料。它们飞来飞去，这跑跑，那跑跑，一点儿都不感到疲惫。它们把采来的泥沙放在嘴里搅拌，加入唾液搅和成一团。多么勤劳的小蜜蜂呀，它们既不怕苦也不怕累，就算冒着生命危险也要坚持完成工作。

高墙石蜂喜欢独自承担建窝任务，不太喜欢热闹，或许是因为那些熙熙攘攘的道路离它们较远吧！它的要求很简单，只要有适宜的卵石和含有砾石的干土就万事大吉了。

石蜂既会建新窝，也会休整旧窝，咱们先瞧瞧它们是怎么建新窝的吧。

石蜂有时会选择在卵石上建窝，或许是因为卵石数量很多，便于找到吧。

它先将沙浆放到选好的卵石上，用唾液保持材料的可塑性，还在外围准备了些带棱角的砾石，用来加固自己的小窝。它在窝里一层层累加沙石，直到满意为止。人们在开始建筑作业时，也是先垒石头，再用石灰粘接，两者有着异曲同工之妙。不过这些石蜂对卵石可谓精挑细选，并把这些石块彼此拼接在一起，浇上一层层的沙浆。它们建造的窝虽然外表看起来有些粗糙，但内部可谓精雕细琢。不过窝的内壁涂抹并不讲究，因为石蜂未来的孩子会自己造茧，保护自己。有的昆虫不结茧，所以它们会把窝内部涂抹得很细致光滑。窝的形状随支撑点不同而有所改变，以很好地保存蜜汁。窝建好后，石蜂就开始储存食物了。满山遍野的花儿是它采蜜的源泉，它带着采好的蜜汁和花粉回到窝中，放好后接着再去采蜜。当蜜储存得差不多了，它会用大颚将蜜搅拌均匀。一旦食物准备妥当，它就开始封闭小窝，准备产卵。它说到做到，从外到内一一封闭。一般情况下，它们能很快建造一个又一个窝，除非运气不好，遇到恶劣天气，工程进度可能会有所耽误。它按部就班地建窝，储存食物，产卵，最后封闭洞口，把一切做完后才开始建造下一个窝。

第八章
筑巢能手——石蜂

　　高墙石蜂似乎更喜欢单枪匹马地行动，它建窝时总是单独忙碌，不喜欢受到打扰。所以它们总是分散居住，极少聚居在一起。如果石蜂想为自己的儿女建更多的窝，是不是应该找块大点儿的地方，好把孩子们都安顿在一起，尤其是在建新窝的时候，岂不是更省事？一个卵石建成的蜂窝群外层有很多坚固的蜂房，可这些蜂窝的外壁都很薄，怎么能很好地保护幼虫呢？怎么能够阻挡炎炎烈日、凛冽寒风的摧残呢？石蜂是很聪明的，这些它们或许早都想到了呢！它把窝建完后，会制造一种特殊的防水防热材料，用它来盖住整个蜂房。这种材料是它独创的唾液混合泥土，里面纯粹得不掺杂任何小石子。它使用特殊工具把这层保护膜一点一点地涂抹上去，外形上看如同一块苹果大小的土疙瘩，即使被摔一两下也不会散碎。这个土疙瘩如同半球状的罩子，性质近似于水泥，很快会变干，变得坚硬结实，彻底打消了我们之前的顾虑！如果去掉这层水泥保护膜，里面的细微结构便能一目了然，清晰地展现在我们的眼前。

　　高墙石蜂更喜欢旧窝，那是上一代幼虫留下的，只要损坏不太严重，它还是很乐意修补老窝的，毕竟老窝原来的雏形还在，修补起来方便快捷。除非万不得已，它才会重新建造新窝。从同一个窝里出来的都是兄弟姐妹，是一家人，雄蜂过的是逍遥快活的日子，而母蜂则要承担家庭的重担，那这个窝由谁继承呢？我们人类一般会判定长子的优先继承权，而石蜂们恪守的是第一个占有该房屋的同胞是继承权者。因此在产卵时，石蜂很有魄力，遇到合适的窝就强行占有，其他任何后来者都是自讨没趣，它在这方面可绝不会妥协。圆球上的蜂房比较多，它的选择范围很广，只需要一间房子即可，不过这小脑袋考虑了一下，又想到了别的用途，别的房子可以用来装别的卵呀。于是它决定占有所有的房屋，绝不允许他人进入自己的领地。对于这个占有者来说，只要做好修补和防卫工作就完成一大半工作了，接着就是储备食物、产卵和封闭老窝了。如果这一切万事大吉，它只要好好把整个半球状罩子修理一下就可以开溜了！

　　西西里石蜂喜欢聚居生活，它们喜欢热闹，常常是几百只甚至上千

石蜂可是个筑巢小能手，它总能建造出结实耐用的窝。

只聚居在一起，不过呢，它们是各忙各的，互不干涉内政，不是真正意义上的群居分工协作。它们数量众多，劳动热情高涨，看上去像一家人。它们用的材料和高墙泥蜂相同，造出的窝同样坚不可摧，只是更为细腻，没有掺杂石子。刚开始它们也是寻找老窝，然后对旧房屋加以修缮，储备粮食、产卵、封闭巢穴一样不少。可惜老窝总归是不够用的，所以这些劳动者们开动脑筋，在老窝的表面又加建新居，让这些窝紧挨在一起，互不干涉，只要不损害其他建窝者即可。所以它们很自由，可以随意建窝，并无秩序可言，布局也是横七竖八的。蜂房外表粗糙，毫无章法，有一条条彼此重叠，有许多结节的砌缝；房屋内部虽然也很粗糙，但十分平整，幼虫在成长过程中可以自行结茧、装饰内屋。

　　西西里石蜂如同高墙石蜂一样，建好蜂房，储备好粮食后就把窝封闭起来。它们产完卵后，就会很积极地联合起来，给它们的窝做个保护膜，于是一层厚厚的灰浆弥补了房屋之间的缝隙，把整个蜂房都盖住了。最后这个窝就像一块干土板，隆起得很有特点，中间的核心稍厚一些，而两边则稍薄一些。蜂窝长短不一，大小不等，有的如同橘子那么大，有的有好几平方米宽。

　　西西里石蜂单独忙碌的情况也比较多，它们也会像高墙石蜂一样，在石头、树枝上建窝。两者都会先牢牢固定住地基，然后建一个塔形房屋，接着完成备粮、封闭工作，随后再紧接开始建造相邻的新窝。就这样，一个接一个的蜂房紧挨在一起建立起来，在全部完工后再在上面罩上一大块灰浆外罩，整个蜂房便变得坚固无比，安全无比了。

瞧，两只西西里石蜂正齐心协力为窝做保护膜，看起来，这个蜂房十分牢固可靠。

 ## 出乎意料的试验

　　高墙石蜂的窝随意自由，建在卵石上，不会干扰其他同胞的工作，实验起来方便快捷，不过在这个基础上再动一下脑筋，创造一些有利条件，进行多次实验，会更有利于发现昆虫的本能。通常情况下，我们会认为书上所写的内容不容辩驳，可经过多次试验论证之后，结果却大相径庭，书中的内容也并非全部正确，也有不少缺乏事实依据，胡编乱造的。雷沃米尔在他的时代是一位先驱，他发现了很多那个时代更为新奇真实的东西，关于高墙石蜂他提到过一次朋友的实验：用玻璃漏斗把石蜂的窝盖住，然后用纱布把漏斗的那头堵好，之后取出几只雄蜂装进去。这些石蜂能冲破坚硬的灰浆，却没想到要戳破这层软软的纱布，结果都被困死了。雷沃米尔指出，昆虫只会做正常条件下应该做的事情。

　　对于这个实验，我不是很赞同。毕竟石蜂虽然能冲破坚硬的石头，但不一定会像剪刀一般裁破纱布，另外用玻璃罩做实验也有局限性，毕竟它们不一定懂得玻璃是一种特别的障碍物，万一这群家伙没有注意到纱布呢？

　　我找了一些灰色纸来阻挡昆虫，让它们见不到光明。这些灰色纸比较薄，可以轻易被弄破。我们来观察一下这些家伙能不能逃出来，或者说它们知不知道逃出来。二月份的时候，我把从蜂房取出的茧分别放入只有一头敞开的芦苇节里，用芦苇节的薄膜代替蜂房，使得昆虫的头对着洞口，然后用不同材料（高粱秆、土块、灰纸片等）将芦苇节封闭起来，并将它固定好。等它们排列好后，我用一块自制的隔板当盖子，把盒子放进了一个玻璃罩下面。好了，一切准备就绪了，只等五月幼虫破茧而出了。结果使我大吃一惊，高粱秆、土塞子都被戳出了洞，纸隔板也被它们咬成一个个规则的圆孔。我的石蜂比较聪明，敢想敢做，善于尝试。当意外或偶然

这是一株高粱苗，我用它来封闭蜂房，做了一个试验。

事件来临时，它们能够随机应变，可以冲破束缚，在薄纸上打洞对它们而言简直是小菜一碟。

与此同时，我还做了其他两个实验，我把两个蜂窝都放在罩子下面，一个紧贴一张灰纸，另一个罩上一个圆锥形的罩子，周围都固定好。这两个窝都有双重障碍，只是第二个蜂窝障碍之间隔了一层空隙。不过结果令我很惊讶，第一个窝的昆虫戳破了屋顶以及屋顶外的纸张，顺利飞走了；第二个窝的石蜂在戳破屋顶之后，发现另一面阻碍物——纸墙，可这小脑袋瓜好像不转似的，它竟然放弃了，如果这层纸紧贴屋顶，它会义无反顾地战胜困难，怎么有了点空隙脑筋就不转弯了？雷沃米尔所说的石蜂就是这样死去的，其实只要它再前进一步就可以获得自由了。

这个实验结果令我有些吃惊，怎么会这样？这些健壮的石蜂想要攻

破凝灰岩，犹如老鹰抓小鸡一样简单，就算遇到软木塞、纸隔板这样的阻碍物也能毫不费力地钻破，怎么一遇到隔层的小障碍就脑筋不转弯，宁愿困死在牢笼中，也不想努力尝试一下呢？或许是这些石蜂没有想到吧！石蜂们具有天生锋利的用具，能够破茧而出完成蜕变，它能很轻松地戳破坚硬的泥灰墙、木塞等阻碍物。不过，石蜂除了拥有这一本能之外，缺少了一种用脑袋瓜思考问题的能力，因此它无法从多了一层阻碍物的地方飞出来。也许，这种会思考的智慧，只有人类才拥有吧。

对于石蜂来说，要钻破的材料无论多坚硬、多结实都没有关系，关键在于它要冲破的是一层盖子，就算再加一层障碍物也无关紧要，在它的小脑袋瓜里，紧贴在一起的障碍就是一体的墙，因此它能逃生，如同它破茧而出一样。当墙壁和纸隔板之间存有空隙时，它一旦从土房子里出来，就认为自己已经完成任务，就应该获得自由。当它戳破一层障碍时，只要再努力戳破另一层纸隔板就可以逃生了。可它不会再努力一次，它没有那样的智慧，所以只能困死其中了。

不过，亲爱的朋友们，如果你有机会生活在这片卵石众多的土地上，一定有机会看到石蜂精妙绝伦的回家之旅，你瞧，虽然我们把捉住的石蜂带到很远很陌生的地方，但它们一定能准确返回自己的家，一点都不含糊，或许这时你会忍不住夸夸这些可爱的小昆虫们，看来，它们的地理常识可真不错呀！

接下来，让我们做一个有关昆虫回家的有趣实验吧！我先把这群高墙石蜂放入漆黑的盒子里，然后神不知鬼不觉地送到陌生的远方，给它们都做上记号，然后放生。不过做这个实验时要注意几点：捕捉昆虫时要轻手轻脚的，尽可能不破坏它娇嫩的翅膀；把石蜂带到目标地点后给它们做记号时要讲究方法，比如用秸秆把融化在树胶里的粉白滴在昆虫身体的相应部位，留下一个白点，很快这白点就会干燥，和昆虫的身体粘在一起。如果需要捕捉一只石蜂单独实验以区别于其他石蜂，则需要抓住昆虫头朝下、身子半伸进窝的时机，用蘸了颜色的秸秆轻微触碰昆虫腹部末端即可，

一只石蜂回到家，发现自己的窝被另一只
石蜂给侵占了，它们怒视着对方，用眼神
进行着一场无声的较量。

不过这个记号有可能被它刷花粉时刷掉，为了完美起见，就应该把白粉浆点在昆虫翅膀之间的胸部正中央。不过，做这项工作可能会被蜇到，大家一定要小心呀！不过，就算不小心被蜇了一下，这也没关系，毕竟它们的螫针比蜜蜂的要温柔许多。

第一次实验时，我于傍晚时分在河边捉到了两只高墙石蜂。当时它们正忙碌着，我把它们带到离原地八九里外的地方，给它们做好标记，然后放生了。第二天清晨，天凉爽极了，当露珠渐渐消失时，石蜂们忙碌的影子出现了，不过这时我还没有发现做标记的石蜂。哦，原来这些石蜂是外来的，它一看主人不在，便想住下来，却不知道主人或许正在回来的路上。天气慢慢炎热了，这时房主出现了，胸部上的白点是它明显的标识。石蜂穿过田野河流，不辞辛苦回到了久违的家，在这期间它还辛勤地采了蜜，带回了花粉，真是持家的好手。归家的石蜂发现了外来入侵者，虎视眈眈地瞅着它。我一看这架势，怎么着也要爆发一场大战了。可我发现，它们并没有使用宝贵的螫针来解决问题，而是用眼神进行较量，大喊大叫

地斥骂对方，最多进行几下不太严重的拳打脚踢。或许是正义的眼神吓坏了外来者，真正的房主自信满满地迎接外来者的挑战。经过几回合之后，外来者或许觉得理亏，偷偷溜走了。于是，这位小房主积极投入自己的工作中，看起来精神抖擞，根本不像长途跋涉归来的……

石蜂们十分在意自己的房屋所有权。如果一只石蜂外出，另一只外来者来到这儿，觉得这个窝适合自己便会住下来。一旦主人回来，双方就会进行一场争斗，不过就算外来者比较强悍，一般也会甘拜下风，灰溜溜地逃走，毕竟人家才是房主呢。

我的第一次实验，有1只石蜂没有回来，于是我决定再做一次实验。我捉了5只石蜂，而第二天我只见到3只回来，那两只自始至终没回家。难道发生了什么事情，还是我不够小心，伤害到了它们娇嫩的翅膀？还是它们在旅途中遇到了什么灾祸？还是不适合长途跋涉半途而废了？对于精力旺盛的石蜂我需要进行新的实验，对于犹豫不定者我也要重新观察，不把它们统计进来。我想知道这伙石蜂到底需要多长时间回窝。我放了高墙石蜂一条生路，改用西西里石蜂做实验。在我家屋檐下住着一窝西西里石蜂，它们忙忙碌碌，虽然个头不大，但精神抖擞。我捉来了几十只，同平常一样，把它们放入一个个纸袋里。我把梯子架好，放在蜂窝旁边，还准备妥当手表，接着来到了第一次做实验的场地。

或许是我在捕捉过程中不够小心，或许是因为它们真的太累了，它们的部分关节受到了损坏，几十只石蜂中只有20只飞行得还算有些力度，其余的要不就是残缺不全，要么根本不想飞。这20只石蜂就成了我真正意义上的实验对象。

石蜂获得自由后，到处乱窜，好像终于摆脱了牢笼的束缚，别提多高兴了。虽然它们刚开始并没有明确的飞行方向，但是过了一会基本上朝着自己窝的方向飞去了。天气刚开始还算风平浪静，不一会儿乌云密布，狂风大作，大雨即将倾盆而下，我很担心，它们能回来吗？能顶得住这么恶劣的天气吗？我心里七上八下的，还是犹豫着回去了。

历经千辛万苦，石蜂又飞了回来，它们终于见到了久违了的家。

　　我刚到家，就听见孩子兴高采烈地说道："回来两只了，还带着花粉呢！"我大喜过望，急忙跑到观察处开始仔细端详起来。我是在中午时候放生石蜂的，第一批回来的时间不到三点钟，说明它们只用了 3 个小时就飞了八里多路，简直是超速度呀。况且它们还得兼顾采蜜，实在太不容易了！不一会儿，又有几只石蜂飞回来了，它们也带着花粉。天色渐渐暗了下来，我也看不到太多东西了，就等第二天了。

　　当太阳落山时，石蜂们就会不知去向，也许藏在了哪个角落里。第二天清晨，我急急忙忙跑到窝边仔细观察，数着回来的石蜂数量，1 只、2 只……一共 15 只，太棒了。可惜随后的几天风雨大作，倾盆大雨一连几天没有停，我的实验只能告一段落了。

　　虽然我没有继续跟踪观察，但也可以了解到大致情况，毕竟 20 只石蜂中有 15 只回来了，或许更多，只是我没有发现。虽然它们被带到那么远的陌生地方，但它们还是回来了，回到了家。那么远的地方，那样恶劣

的天气，那么陌生的场所，它们是怎么回来的？我无法用常规的道理解释清楚，或许这就是它们的超能力吧！

给高墙石蜂"搬家"

前面两个观察高墙石蜂的实验可以算是成功了，为了了解更多关于它们的故事，我决定做一个关于高墙石蜂的实验，下面，就让我们来看看这个实验吧！

高墙石蜂的窝建造在卵石上面，移动起来很方便。于是我把它的窝移动了一下，而且没有打扰到石蜂，相当于帮它搬了一次家，接着便自信地等待着昆虫的归来。不一会儿，小家伙回来了，它东瞧瞧、西看看，发现自己的窝莫名其妙地消失了，感觉很奇怪，它努力寻找，到处搜索，不过一会儿还是会回到原来窝的位置，尽管那儿空荡荡的，或许它很奇怪，这是怎么了？它挺上火的，猛然飞过树林，但很快又回来了，回到那个空无一物的位置。就这样往往返返了好多次，把石蜂气得直瞪眼，它肯定看到了那个被挪动的窝，因为刚才它还从上面经过呢！不过对于它来说，那不是自己的窝，而是与自己毫不相干的建筑。

在快要结束实验时，石蜂瞧都不瞧一眼被移动的卵石，就气呼呼地飞走了，这次它真的失望了，没有再回来。如果我把窝搬得离原来的位置再近一些，或许它就会仔细查看这个被移动的窝了，经过多次巡查，来来回回地寻找，它虽然在这个窝上停留，但还是无法相信自己的眼睛，最终选择放弃，拍拍翅膀飞走了。又过了好几天，我发现窝还在那里，没有任何变化，这时蚂蚁可乐了，运走了窝里的蜂蜜。或许石蜂来过，但也没有尝试进行剩下的工作，最终还是放弃了这个小窝。

我想，石蜂并非没有发现已经被挪动的窝，但它对自己的窝有着根深蒂固的观念，固执地认定它的位置是最重要的，它无法摆脱自己的思维方式，最终放弃了辛辛苦苦建的窝。看到被移动的窝，它觉得那不是自己的家，就如同前面所讲的泥蜂一样，连暴露在阳光之下的窝里的猎物和孩子都认不出来。它只认窝的位置，入口的位置，对其他一切都视而不见。

如果大家对上面的这种情况还怀有疑虑，再来看看下面的介绍，相信你会豁然开朗。我把附近两个特点近似的窝偷偷对调了，等石蜂回来后，却一点也没有怀疑窝的变化，很从容地进行自己的工作。如果高墙石蜂的工作还未完工，我就提供给它一个正在建设中的小屋，于是它毫不迟疑地继续工程的建设。如果石蜂采了蜜回来，我就提供给它一个储备了食物的窝，而它继续辛勤劳动，储备食物。

石蜂并没有怀疑自己的窝被换了，它对这件东西是否是自己原来拥有的并不太在意，但对窝的位置却怀有很深的执念，在它看来，窝的位置是最为重要的。不过，卵石保留在原来的位置是一个前提。我们可以把邻近的大体工程差不多的窝进行对调，我对调了两个，距离挺近，昆虫会同时看到这两个窝并做出选择，不过它们回到窝后就停在被掉换的窝上，没

一只石蜂找到了新的蜂房，它正
在仔细检查周围的卵石。

有丝毫犹豫，继续工作，好像什么也没有发生。无论这两个窝如何替换，都改变不了它们在原位置工作的决心。

我们或许会认为是因为这两个窝看上去比较相似，所以石蜂没有辨认出来。这次我就来个大反转，将两个差异分明的窝交换，看看石蜂会怎么做。这两个窝截然不同，一个是裸露的新窝，只有一个蜂房，工艺粗糙；一个是老窝，屋顶宽大，有八个蜂房，其中一个蜂房已被修补过，里面还存放着食物。石蜂回来后，面对两个被交换了的窝，没有过多迟疑，紧接着马不停蹄地忙碌了起来。于是老窝的主人在新家里只找到一个蜂房，它很快检查了一下卵石，就投入了别人的家，开始储存起蜂蜜、花粉来，仿佛这就是它原来的家。另一只石蜂看到自己的家变得如此宽敞，刚开始还转不过弯来，小脑袋思考着，哪一间是放蜜浆的呢？不一会儿，它找到了那个蜂房，开始往里面运食物。

我们再把这两个窝回归原位，看看石蜂会做何选择。刚开始，它们被这突然发生的变化弄晕了，迟疑了一会，但很快便在被交换的窝里重新工作起来，最后产下卵，封闭蜂房，成功地离去。它们并不在意这是谁的窝，它们能很快找到自己窝的原位置，却无法分辨窝的归属，这些足以说明它们这种卓越的能力并不是记忆力。

下面我们继续进行实验，我用一个已经建好、储存了充足食物的窝来替代一个高墙石蜂刚建了一点的窝，瞧瞧会有什么情况发生。或许它特高兴，直接在窝里产卵，最后封闭蜂房就万事大吉了。但这只是我们人类的猜想，而昆虫们只服从本能无意识的驱使，沿着定好的目标行动，它无法思考怎么回事，也很难用它的小脑袋瓜转弯考虑问题。不信？你瞧！

我把一个食物充足、建筑良好的窝送到它的面前，可是正在忙碌的石蜂依然用它的灰浆继续建窝，好像这还是刚才那个窝。虽然这样的工作对它来说是多余的，可是它似乎也控制不住自己建筑的脚步，它在洞口继续放置灰浆，一层、两层直到放了三层才收工，做了许多无用功。到了该储备粮食的时候了，这次它储存了一点，毕竟这个窝里的粮食已经够了。

从这儿我们可以看出，即使我扔给它一个几乎完美的窝，也无法改变它正在进行的工作，只是减轻了一点它的工作量而已。

接下来，我再用未完工的、没办法储存食物的窝替代已经开始备好一半粮的石蜂的窝。我看到它带着自己的食物来到蜂房前，搞不明白到底发生了什么。它看上去很生气，来来回回检查了好几遍，东看看、西瞧瞧，十分犹豫，这个房子怎么这么小了？它满脸疑惑，飞来飞去，想把食物卸下来。我轻轻说："去建造房屋吧，别愣着了！"它似乎还是想把储备食物的工作继续下去，可这个窝里的确没有地方储存。无奈之下，它选择了把食物放在符合自己心意的别人的窝里，我突然觉得自己很残忍，剥夺了它的正常工作流程，害得它做出这种违背意愿的事情。

或许事情还会往坏处发展，它要把食物放回的愿望很强烈，以至于对这个未建好的窝非常不满，或许这个蜂房紧靠一个刚封闭好的窝，里面的食物充足、卵也产完，在这种情况下，情急之中的石蜂甚至会做出抢占他人窝的强盗行为。它试图撬开这个已建好的窝，虽然进程缓慢，但它还是很有耐心的。在一旁等得不耐烦的我帮助它掀开了这个窝，于是它在这

这是一个石蜂的巢，它看上去圆圆的，周身涂抹得十分均称，看得出来，石蜂是一个筑巢的高手。

个存有别人卵的窝里产下了自己的卵，还封闭住了洞口。它不会转弯，也不去想怎么回事，固执地进行着自己的工作。不论发生了什么事情，它只会沿着原来的方向进行下去，这是一种本能。

昆虫一些连续进行的工作都存在先后顺序，而且关系紧密。它们必须先做第一项，再进行第二项，即使没有什么价值，它们还会固执地进行到底。我们在前面介绍过的黄翅飞蝗泥蜂也是一样的，我把它洞口的猎物偷走，它会再三独自进洞穴查看，尽管这个动作它做了不下十几二十几遍，一点也没有必要，但它还会继续坚持。高墙石蜂也在做同样无意义的重复，当高墙石蜂带着食物返回时，它会来回重复两次同样的动作：把脑袋伸进屋里，把蜜吐出，再飞出去把腹部探进去，把花粉放下。当它进行第二次储备时，我用秸秆把它拨弄开，它会把第一次的动作进行一遍，先把脑袋伸进去，这个动作完成后，我又把它拨开，它又重新进行了一次脑袋探入的动作。只要我拨弄它一次，它就会从第一个动作重新再来一遍，一次又一次，循环往复。尽管它带来的食物已经没有了，它依然固执地进行着没有任何价值的动作。

对于热爱自然，喜欢自然界的人们来说，昆虫展示了它们最美妙绝伦的建筑艺术，给人们呈现了一幅幅生动活泼的画面，盖房子、储存食物，产卵，养育后代……一个个鲜活的生命让我们感叹不已，它们出于本能的生活让我们惊讶万千，固执不变的程序让我们遗憾，这或许就是自然界中昆虫的奥秘。它们存在许多奇奇怪怪的连人类也搞不明白的生活方式，展现了许多把本能发挥到极致的例证……这让充满智慧的人类感慨不已。

谨以此书献给热爱探索、喜欢昆虫又想了解这个昆虫世界的人，渴望获得这方面知识的人，还有我那可亲可爱的家人，当我们爱上自然，爱上昆虫，一切也都会随之发生妙不可言的改变。